マハン海上権力論集

麻田貞雄 編・訳

講談社学術文庫

まえがき

アルフレッド・T・マハンというと、若き日の秋山真之大尉との印象的な出会いを想起される方が多いのではないだろうか。司馬遼太郎の小説『坂の上の雲』の一場面だが、一八九七年、直接教えを乞うためにマハンをニューヨークの自宅に訪問した時、すでに秋山は、マハンの大作『海上権力の歴史に及ぼした影響――一六六〇～一七八三年』（以下、『海上権力史論』と略称）を原文で暗誦するほど熟読していた。

深い影響を受けたのは、なにも秋山だけではない。一八九〇年に出版された『海上権力史論』は、アメリカにとどまらず、海軍の拡張をめざしていたイギリス、ドイツ、そしてもちろん日本の海軍にも絶大なインパクトを与えた。当時、マハンとは、世界各国の海軍関係者が、その理論に注目する巨大な存在だったのである。

一九一四年にマハンが亡くなったのちも、彼の戦略理論は脈々と生き続けた。マハンの「優等生」だった日本海軍を、真珠湾攻撃という誤った道に導いた背景には「マハンの亡霊」があった。第二次世界大戦後、世界の戦略理論は核兵器を中心に回転するようになるが、そこでもマハンの海上権力論はその重要性を失うことはなかった。米ソ冷戦下にあって、マハン理論を忠実に実行しようとしたのはソ連海軍であった。そして冷戦の終焉後、ソ連にとってかわり、「中国のマハン」と呼ばれる指導者のもと外洋海軍を強化した中国が、二一世紀の到来とともに太平洋におけるアメリカの優位に挑戦しはじめている。

このように見てくると、二〇二〇年を経た今日においても、マハンの海上権力論は国際的な有用性を失うどころか、いよいよ重要性を増しているといえるだろう。

本書は、現代史に多大な影響を与えたマハンの海上権力論のエッセンスを、原文の翻訳と解説によって紹介することを企図して編まれた。しかし、彼の代表作『海上権力史論』は、取り上げている時代が一六六〇〜一七八三年という帆船の時代であり、その歴史叙述は今日の読者には難解な点もある。むしろ、より広くマハンの思想を把握するためには、一八九〇〜一八九七年に発表された一般向けの論考を収録した論集 *The Interest of America in Sea Power, Present and Future.* のほうが読みやすく、親しみやすい。本書には、同書から四編を訳出し、さらに他の三編を加えた。それらは海軍戦略にとどまらず、大海軍主義、対外膨張論、国際政治、歴史、文明論など広範囲にわたる論策だが、その根底にあるのは、いうまでもなく海上権力論にほかならない。

本書を俯瞰すると、太平洋方面の論策に偏重しているような印象を与えるかもしれない。もちろん、カリブ海（中米運河）、モンロー主義、英米協調など、いずれもマハンの主要テーマではある。しかし二〇世紀に入ると、マハンは大西洋よりも太平洋方面にアメリカへの脅威を見て、日米関係をますます重大視するようになったことを忘れてはならないだろう。

本書の原本『アルフレッド・T・マハン』は、一九七七年に研究社出版から「アメリカ古典文庫」の一冊として出版されたが、このほど講談社学術文庫から『マハン海上権力論集』と改題して、再出版される運びとなった。

文庫化にあたっては代表的な文章を選び、原本を若干圧縮している。また、研究社版の刊行から三三年の歳月がたち、その間アメリカにおけるマハン研究も着々と進み、世界の海軍戦略状況も大きく変化したので、それらをふまえて「解説」は大幅に加筆し、「参考文献」も全面的に刷新した。

麻田貞雄

二〇一〇年一一月二三日

目次

マハン海上権力論集

アルフレッド・セイヤー・マハン（1840～1914）

解説　歴史に及ぼしたマハンの影響——海上権力論と海外膨張論

麻田貞雄

マハンの古典性

ニューポートといえば、豪華な別荘の点在する美しい避暑地として知られる。そこにあるアメリカ海軍大学校を訪れる歴史家は、まずマハン記念館に目をひかれるであろう。図書室の正面に掲げてあるのは、第二代校長アルフレッド・セイヤー・マハン海軍少将（一八四〇～一九一四）の晩年の肖像画である。やせ型で長身、海軍士官にふさわしく直立して張りつめた姿勢をとり、灰色のひげを生やした色白の顔はいかめしく、眼光が鋭い。あごを引き、固くしまった口もとは内気な性格を表わしている。提督の正装をしてはいるが、むしろ学究タイプという印象を人は受けるであろう。

海軍大学校図書館の「N—22号室」には、マハンの数多くの著作が陳列してあり、マハンの膨大な個人文書の一部も収められている。彼が著わした二三冊の著書のうち、歴史や伝記が約半数の一一冊を占め、純戦略論は一冊のみ、自伝と宗教的省察がそれぞれ一冊、残りの九冊には時事評論を主として、国際政治、海軍問題、歴史哲学などの論文やエッセイが収録されている。それを一瞥するだけで、マハンの研究対象がいかに多岐にわたっていたかがわかる。

彼の著作や文書を読み進むにつれて、マハンの活動がいかに多方面にわたっていたかが一段と明らかになる——海軍士官、海軍史家、大海軍主義《ネイヴァリズム》のイデオローグ、戦略家、大統領の顧問、世界政治の評論家、外交史家、重商主義者、予言者、宗教家。さらに彼は「帝国主義者」をもって自任し、海外進出のプロパガンディストとして筆を振るい、世紀転換期の膨張政策を正当化するために、一連の時代思潮（社会進化論、アングロ・サクソン民族優越論、対外的使命感、黄禍論、人種主義、東西文明論など）を、ときには相矛盾する形で体現する思想家でもあった。

本書では、このようなマハンの著作から代表的な文章を七編選んで邦訳してみた。彼の重要な作品がほとんどすべて「海上権力論」を基礎としているため、対外政策論が海軍政策や戦略と不可分に結びついている。

マハンが無名の一士官からほとんど一朝にして世界的な有名人になったのは、一八九〇年、『海上権力の歴史に及ぼした影響——一六六〇〜一七八三年』の刊行によってであった（以下、邦訳の題名として一般に定着している『海上権力史論』と略称）。出版と同時に、アメリカ一国にとどまらず、各列強の指導者の間でも広く〝現代古典〟として認められた。真の〝生きた古典〟は稀少だが、一二〇年を経た今日でも引用される『海上権力史論』をそのなかに含めることに異論はなかろう。

　同書が書店の新刊書の棚に並んで四八時間もたたないうちに、シオドア・ローズヴェルト（のちの海軍次官、副大統領、大統領）はマハンに書簡を送り、「この二日間、多忙の身でありながら君の新著に読みふけっていた。この本を手にするや、まったく没頭し一気に読み通してしまった。……これは非常によい本——称讃すべき本だ。もしそれが海軍の古典にならないとすれば、私はたいへん間違っていることになる」と、最大限の讃辞を呈した。大海軍主義を信奉するローズヴェルトや近代的な戦略思想を抱く海軍指導者が、マハンをきわめて高く評価したのは、当然ともいえよう。

シオドア・ローズヴェルト

　しかし、アメリカ国民が『海上権力史論』にようやく注意を向けはじめたのは、皮肉にも、それが海外で名声を博したのちのことである。同書が出版とともに諸外国にセンセーションを巻き起こして〝必読の書〟となったのは、その所説がきわめて時宜を得、ヨーロッパ列強の政治的要請にマッチしたからである。

　まず最初に同書の真価を認めたのはイギリス人であった。大英帝国の興隆をイギリス海軍の勃興によって解明しようとした同書が歓迎されたのは当然だが、沈着なロンドン『タイムズ』紙でさえ、ネルソン記念日の社説のなかで、「海上権力を国策の中心」としてとらえるマハンの視角は「コペルニクスにも比すべき」画期的な新機軸であると評した。イギリスの一指導者は「マハンの新著は、わが海軍のプロパガンダを強力に援護してくれた」とまで述べたのであった。マハンの説く戦艦中心主義は、イギリス政府の海軍近代化と強化の政策に明確な方向づけを与えたのである。一八九三年にマハンがイギリスを訪れたとき、ヴィクトリア女王がバッキンガム宮殿の晩餐会に彼を主賓として招き、海上権力論についてたずねたというエピソードは、よく知られている。

一方ドイツにとっても、『海上権力史論』は重大な政策転換期に現われたタイムリーな書物であった。若い皇帝ウィルヘルム二世は、海外進出の新機軸に乗り出そうとしていたので、マハンの新著を「むさぼり読んだ」。「余はこの本を暗記するまで心に銘記しようとしている。あらゆる点からみて、これは第一級の古典的研究である」とウィルヘルムは私信のなかで記している。

皇帝はマハンの新著を援用して「ドイツの将来は海上発展にある」という信念をいっそう固め、それを実行に移しはじめた。その後アルフレート・ティルピッツが帝国海軍相に就任するにおよんで、ドイツ海軍におけるマハンの影響は一段と具体化し、それは第一次世界大戦まで続くことになる。このように、マハンは自ら期せずして英独間の海軍競争に拍車をかける役目を果たしたのである。

日本の指導者もまた、『海上権力史論』にすばやく反応した。それが出版されたとき、ちょうど視察旅行中でアメリカにいあわせた金子堅太郎は、いちはやく読了して同書の普遍的な適用性を見抜いた。帰朝後、さっそく彼は、緒論と第一章を抄訳して時の海軍大臣西郷従道に呈し、西郷はただちにそれを水交社の雑誌に掲載せしめたのであった。

西郷従道

金子堅太郎

一八九二年に同社から全訳が上梓されたとき、発売元の東邦協会は、「翻訳が出版されて一、二日のうちに数千冊も売れた」こと、そして日本政府はそれを海軍大学校、陸軍大学校のテキストに採用していることをマハンに知らせた。マハンはその『回顧録』のなかで、この邦訳が契機となって「何人かの日本の役人や士官と愉快な文通が始まり、私の知るかぎり日本人は私の説に、どの外国人よりも緻密で注意深い関心を寄せてくれた」と満足気に述べ、翻訳が一番多く出たのは日本だったと誇らしげに記している。

しかし、邦訳の序文で副島種臣は「吾国は海国也」と喝破し、マハンの力説する「制海権」を掌握するならば、日本は太平洋の航海通商をほしいままにし、「以て敵を制するに足る」と説いていた。また金子ものちに、マハンの『海上権力に対するアメリカの関心――現在と将来』（一八九七年）の邦訳（興味深いことに『太平洋海権論』という題名に変えられている）に寄せた序文のなかで「我日本帝国は太平洋中第一の海国也」と断言し、マハンを熟読して海上権力を握り、ますます「世界列強の間に雄飛」するよう「奮励」すべきだ、と力説したのである。

もしマハンが、日本側で自分の著作がこのように受けとられているという事実を知っていたならば、あれほどまで手放しで邦訳の普及を喜びはしなかったであろう。すでに黄禍論《イエロー・ペリル》を先取りするかたちで、彼が対日警戒の姿勢を示しはじめていたことを考え合わせると、まさに皮肉としかいいようがない。そして後述するように、若き日の秋山真之大尉との劇的な出会いや、「日本のマハン」といわれるほど彼の思想に傾倒した佐藤鉄太郎などを通じて、マハンは日本海軍史上、決定的な位置を占めることになるのである。

生い立ちと準備期間

アルフレッド・T・マハンは一八四〇年九月二七日、ニューヨーク州のウェスト・ポイントで、陸軍士官学校教授の子として生まれた。父デニスが息子のミドル・ネームにセイヤーを選んだのは、深く影響を受けた〝ウエスト・ポイントの父〟シルヴェイナス・セイヤー校長にあやかったからである。デニス・マハンが陸軍戦略に深い関心があり、ナポレオンを高く評価していたのに対して、息子アルフレッドがのちにネルソンを海軍提督の鑑として活写したのは、おもしろい対照をなす。

アルフレッドは一六歳のとき、父の反対を押しきってアナポリスの海軍士官学校に入学した。「アルフレッドは軍人には向かない」というのが父の判断であったが、たしかに、兵科将校としてのマハンは、平時における海軍士官の日常勤務に明け暮れ、波瀾のない生活に終始した。一八五九年、アナポリスの海軍士官学校を二番の成績で卒業して少尉候補生となったのち、実戦歴としては南北戦争で大西洋艦隊の蒸気コルヴェット艦に乗り組み、メキシコ湾で海上封鎖の単調な任務についただけである。

船乗りとしてのマハンは操艦技術の点で劣っており、軽い座礁・衝突事件やニア・ミスを数回しでかして以来、大事故を起こすことを極度に恐れるようになったという。艦上での孤独を極度に嫌い、艦上勤務をなるべく避けようと画策したのだから、海軍部内の評判が良いはずはない。海軍軍人として「不適格」と評する伝記作者もいる。

しかし、若い士官時代の実地経験を度外視しては〝海軍知識人〟マハンの思想的形成を理解することはできない。実戦歴に乏しいとはいえども、マハンは遠洋航海や海外駐在の体験に富む経歴の持ち主であり、その見聞や観察が彼の海上権力論の形成に役立ったことは否め

「イロクォイ」号

まい。

　われわれにとって、とりわけ興味深いエピソードは、少佐時代の一八六七年、蒸気スループ艦「イロクォイ」号に副長として乗り組み、日本に一年以上も停泊していることである。日本駐在は「私にとって年来の夢だった」と彼は『回顧録』で述べているが、それは、マハンがのちに「アジアの問題」に強い関心を抱くようになった一つの契機としても意義があった。また、彼はその滞日中の見聞によって、自分が日本史および日米関係の指導的な権威であると信じ込むようになった。

　一八六七～六八年というと、ペリー来航から十四、五年しか経ていない。感受性の強い二七歳のマハンは、開港後の政治的混乱期にある神戸、大阪、横浜などの排外的情勢をつぶさにみて、その印象を克明に書簡に記している。「街角には大小を差したサムライ」が立っていて、不穏な空気に包まれていた。外出許可が出たときでも、乗組員はピストルの携帯を命じられていた。彼はイギリスの初代特派全権公使ラザフォード・オールコックの『大君《タイクーン》の都』などを取りよせて読んでみたが、日本の複雑な政情は、とうてい理解しうべくもなかった。ただ、日本が「革命的転換期」のただなかにあること、そして先見の明のある指導者たちが、鎖国の時代は過ぎ去り、新しい事態に対処するには西洋との対等をめざして国力を発展させるほかに道はないとの認識に達しているらしいことは、おぼろげながらも察しえたようである。

マハンが家族や友人たちに書き送った手紙の大半は、むしろラフカディオ・ハーンのエキゾティックな筆致をおもわせる風景の描写で占められている。排外的な情勢が緩和されると、マハンは神戸付近の山岳を探勝し、その「目のさめるほどの美しさ」に心を奪われた。彼がとりわけ好んだ谷間は、後輩のアメリカ士官の間で「マハンの谷」として知られるようになったという。四〇年後に書いた『回顧録』のなかで、彼はこのお気に入りの谷の光景が、もし近代化の波によってスポイルされるようなことがあれば、「日本は次の戦争で打ちのめされるべきである」と述べている（これを記していた時点で、マハンはすでに海軍将官会議で対日戦争計画の立案に参画していた！）。

彼は純朴な日本の庶民に好感を抱き、家族にあてた手紙では、「ぼくは日本が好きになるでしょう。日本のあらゆる面に、このうえなく愛想のよい国民性があらわれています」と記した。日本人の「微笑を浮かべた礼儀正しさ」は彼を魅惑した。文化的な「距離」をおいてマハンが眺めた日本は、「舞台のように、とても美しい」ものであった。こうした日本人観は、のちに一八九〇年代になってマハンの対日観を特徴づけることになる両面性《アンビヴァレンス》――日本の伝統文化と近代的な達成への肯定的評価と、排日的な黄禍論――を考察するうえで、きわめて示唆的である。

「イロクォイ」号の周航がマハンに植えつけた、より直接的で強烈な印象は、「世界の主要な貿易航路のいたるところでイギリスの軍隊に出くわした」ことである。「ユニオン・ジャックに陽が沈むことはない、と彼らが自慢するのも当然だ」。大英帝国の世界的な存在――広大な植民地支配、根拠地、商船隊とそれを護衛する艦隊――の実態を目のあたりにしたマハンは、それが「現代史のもたらした明白な結果」であると考えたが、そこには『海上権力史論』の中心的テーマの萌芽をみてとることができよう。

さて、一八七〇年代に入ってマハンが執筆活動に着手したのは、アメリカ海軍が急な下降カーヴを描いて衰退期に入ったのと、ほぼ時を同じくしていたことは注目に値する。当時アメリカ国民はもっぱら国内発展にエネルギーを集中し、大西部の開発、農業の飛躍的拡張、鉄道の建設、産業革命の急速な進行に没頭していたため、海軍に対する一般の関心は低調をきわめていた。一八七六年以降マハンは各方面に手紙を書き、こう訴えかけている。「まず海軍の土台から始める必要があります。実際のところ、わが国は〈艦隊といえるほどのものは〉何も有しておりません。海軍力がここまでどん底に落ちたことは、かつてありません」。

マハンの大海軍主義は、一八八〇年代に海軍部内や議会方面で提唱されていた〝ニュー・ネイヴィー〟建造論と、その正当化のための通商的・イデオロギー的議論を反映していた。マハンについての権威ロバート・シーガーも述べているように、当時、海軍拡張のスポークスマンは、その主張を貿易拡大や海外市場確保の必要に結びつけて、対外膨張政策を説いていたのである。そこには、通商拡大→商船隊復活の必要→海軍拡張の急務→遠洋艦隊の傘の下での貿易伸張、という循環論法的な大海軍主義の主張が、すでに端的に示されている。

アメリカ海軍大学校（1901年）

以上のようにみてくれば、マハンの海上権力論は一八九〇年になって突如あらわれた大胆な新説ではなく、それに先だつ一〇〇年間に築かれた基盤の上に立ち、そのさまざまな思想を集大成したもの、と結論できよう。しかし、それはもちろん『海上権力史論』の古典的な重要性を否定することにはならない。なによりも彼の強い筆力によってこそ、その時代思潮に明確な表現を与え、劇的かつ強烈な影響力を及ぼす同書が誕生したからである。

マハンの隠れた才能――「物事を一般化する能力、歴史の諸教訓から命題を帰納しようとする態度」――を的確に見抜き、彼を新設の海軍大学校の海軍史および戦術の教官に抜擢したのは、その創立者で初代校長のスティーヴン・ルース提督であった。

スティーヴン・ルース

『海上権力史論』の誕生

一八八五年のはじめ、ルース校長に白羽の矢を立てられたとき、マハンは老朽したスループ艦の艦長として中南米沿岸を巡航していた。四五歳に達しても「なおこれという目標もなく、ただ世間体のよいだけの生活を漂うように送っていた」マハンは、新しい任務を与えられ大佐に進級して、魚が水を得たように意欲的に講義の骨子をまとめはじめた。一ヵ月余りのうちに早くも、「海洋を通商のための公道として、また海洋敵国を攻撃するための進撃路として一般的に取りあげ、次に主要な貿易航路を詳論し、そして海洋国家の力の源泉——物的・人的資源、国民的適性、港湾の位置など」から説き起こし、講義の本体として「歴史の具体例を引きつつ制海権の掌握の重要性を示す」という構想をルースに伝えていた。

中南米派遣中のため文献入手の困難に悩みつつも、マハンは着々と講義案を準備していった。しかし、オリジナルな史料を渉猟しようとしたのではなく、二次文献のみしか使用していない（最たる伝記作者ロバート・シーガーは、マハンの研究方法は今日のPh.D.論文の域を出るものではなかったとまで酷評する）。ともあれ彼は鋭意、海上権力の興亡を広く一七〜一八世紀のヨーロッパ史と関連づけて検討するという枠組みを整えていった。

彼がことさら「海上権力《シー・パワー》」という言葉を用いたのは、「世人の注目をひくよう意図した」ためである。その表現の鮮烈さを狙ったのである。「海上権力《シー・パワー》」は「海軍力《ネイヴァル・パワー》」よりも広義で、単に軍事力にとどまらず、艦隊力の基盤をなす海運業や商船隊、またその拠点として必要な海外基地や植民地をも包含する。さらに「パワー」は新しい蒸気機関や電力、あるいは権力政治《パワー・ポリティックス》の時代にマッチした用語でもあった。

マハン自身、それがキャッチ・フレーズとしてこれほどまで「成功」したことには一驚を喫したと、のちに述べているほどである。

歴史的事例を並べたてて、自らの所論を立証しようとしたマハンだが、「帆船時代に関する知識がいったい何の役に立つのか？　それを将来のための教訓にするには、どのように呈示すればよいのか、率直にいって途方に暮れております」とルース校長に書き送っている。しかし、マハンはルース校長から示唆を得て、歴史研究を通じて「一定不変の法則」「合理的な因果関係の普遍的理論」（サイエンス）を発見することができるという信念を固めたのであった。

その試みがもっともわかりやすく体系的に述べられているのが、本書の冒頭に抄訳を収録した部分である（『海上権力史論』第一章）。マハンの著作のなかで、体系的に述べた数少ない箇所の一つであるが、彼は海上権力を構成する要素として、次の六点を挙げている。

①　地理的位置（両海岸がシーレーンに面するという島嶼《とうしょ》性）

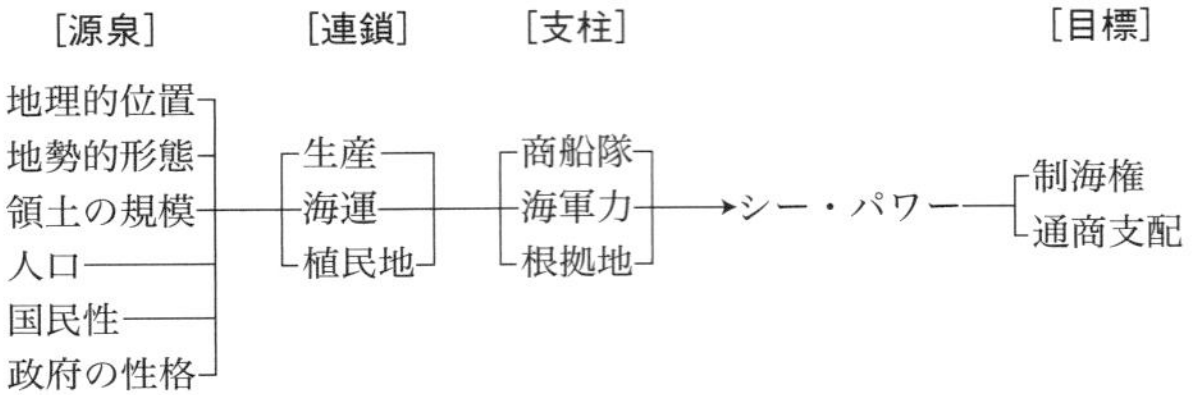

② 地勢的形態（湾口に富む海岸線）

③ 領土の規模（資源と富を供給できる領土的基盤）

④ 人口（必要な船員を供給できる人口的基盤）

⑤ 国民性（海洋的志向と船乗り生活への適性）

⑥ 政府の性格（進取的な海洋政策を推進できる政府形態）

さらにマハンは、《海上権力》を構成する三つの「連鎖」として「生産、海運、植民地」を挙げ、次のように論じる。「生産があれば、生産物を交易する必要が生じ、その交易のために海運が必要になる。また、植民地があれば、海運の操業を容易にして輸送量を拡大させ、また安全な拠点をふやすことで海運業を保護することができるのである」。さらに彼は「通商を拡大しようとする志向は、海上権力の発展のうえで最も重要な国民的特性である」と強調する。この三つの「連鎖」のうち、アメリカはまだ「生産」しか所有していないが、アメリカ国民には海洋発展の偉大な素質があり、それが自由に発揮されれば、大海上権力国への道が開けるであろうとマハンは信じたのである。必要なのは、その運命を達成するためのリーダーシップと意志、そしてエネルギーだけだ。

マハンは以上のような枠組みを第一章でスケッチしたのち、ルイ一四世の時代からアメリカ合衆国の独立承認に至る時期のヨーロッパ列強（イギリス・オランダ・フランス・スペイン）の海戦を広大なキャンヴァスに描き出しているが、海上権力の要素をすべて備えるイギリスの興隆が中心テーマをなしている。もちろん、彼の著作の狙いは、今後アメリカの「見習うべき最善の先例」を「海洋を育ての母とするイギリスの歴史のなかに求めること」にあった。

しかし、第一章を除いては『海上権力史論』では、戦略理論は歴史の叙述の間に無造作に放りこまれているので、ここでマハンの戦略論のエッセンスを抜粋しておこう。「海戦の真の目的が敵海軍に勝ち、海を支配することにあるのなら、あらゆる場合、敵の軍艦と艦隊こそが攻撃の真の対象である。……海戦の真の目的が敵の海上勢力を破壊し、敵の〔海外〕領土との連絡を途絶し、その通商による富の源泉を枯渇させ、敵の港の封鎖を可能ならしめることにあるのなら、攻撃の対象は、海上にある敵の組織された軍事力、つまり敵艦隊でなければならない」。

さらに、「いったん宣戦するや、戦闘は攻勢的かつ攻撃的に遂行せねばならない。敵の打撃をかわすことがあってはならず、打ちのめすべきである」。海戦の目的は、決戦における敵勢力の全面的な殲滅である。マハンの戦略ドクトリンは制海権を至上視するものであり、戦艦隊の《集中》によってこそ敵艦隊を破滅させることができる、と彼は論じた。

マハンは完成段階に入っていた『海上権力史論』の草稿をベンジャミン・F・トレイシー海軍長官に見せたにちがいない。ただちに海軍長官はマハンの所説を全面的に取り入れて、一八九〇年一一月の年次報告では〝海の女王〟たる戦艦を主柱とする戦闘艦隊の計画を公にし、その任務は攻勢作戦にあると強調した。同年の画期的な海軍予算案の通過にもみられるように、議会での政策論議は明らかにマハンの『海上権力史論』の指し示す方向に進んでいた。そのころからトレイシー海軍長官は、マハンに「作戦計画《ウォー・プラン》」立案への参画を要請し、「秘密作戦会議」の重要メンバーとして彼を起用したが、この方針はトレイシーの後任者にも受け継がれていくことになる。

膨張主義の伝道者──太平洋への進出

マハンが最も影響を与えたいと願った一般アメリカ国民は、しかし、まだ孤立主義の伝統が根強くて、彼の教説になかなか耳を傾けてくれず、それに対する彼の不平や悲観論は当時の書簡に満ち満ちている。

マハンは一八九六年に退役したのちも、倦むことを知らぬペンで一〇〇編以上の論策を書き、そのほとんどが論文集に再録されている（書きおろしの単行本も含めて平均すると、一年に一冊は世に送る多作家であった）。これら雑誌論文は一般読者の関心をひくようポピュラーなかたちをとり、プロパガンダ的な動機から執筆された。「事態の進展によって変化する状況にたえず合わせて執筆した」のだから、すぐれて時事的な評論が大半を占めている。しかし、職業軍人としての立場から、あからさまにジャーナリスティックな一般向きの論策に転じるにつれて、彼の思考様式は軍人的リアリズムからイデオロギー的な海外膨張主義と戦争弁護の立場へとますます移っていった。現役士官中の拘束や自制心から解放された彼は、「帝国主義者」に「改宗」し、文筆家としていっそう縦横に活躍できるようになった。一八九〇年代の後半に入ると、マハンは単に海軍の最たる権威にとどまらず、アメリカの対外政策に相当の影響を及ぼす大御所的存在になっていた。彼は、世界の政治経済学《ポリティカル・エコノミー》や文明論との関連でアメリカの対外政策について確信的な処方箋を下し、もったいぶった御宣託を告げる予言者になったのである。

このような時事評論を単行本に再録したのが『海上権力に対するアメリカの関心――現在と将来』(一八九七年)であり、時流に投じて非常な売れ行きをみた。同書に一貫してみられるのは、海上権力を通じての国家的偉大さの追求である。そのうち、歴史的にとりわけ重要と思われる論文四編を選んで全訳した。

「合衆国海外に目を転ず」(一八九〇年)　『海上権力史論』が出版された直後、『アトランティック・マンスリー』誌の主筆は「海上活動の中心舞台が大西洋から太平洋に移るであろう将来」を占うような文章をマハンに要望したが、このように雄大な主題はマハンに強くアピールするものがあった。〝わが小天地〟に安住する孤立主義の風潮を嘆き、アメリカも大国にともなう義務と責任を負うべきだと信じていた彼は、その信念を生《なま》のかたちで一般読者にはじめて呈示できる機会を歓迎した。

マハンはまず経済政策から説き起こし、それを外交政策さらに軍備増強に結びつけた。国内の過剰生産のディレンマの解決案として、彼は世界の貿易と海外市場の拡大をめざして強力な政策をとることを訴えた。「好むと好まざるとにかかわらず、いまやアメリカ国民は、海外に目を向けはじめねばならない。わが国の生産力の増大がそれを要求している。また、国民世論の盛りあがりがそれを要求している。さらに二大旧世界(西洋と東洋)および二つの大洋にはさまれたアメリカの位置も、それを要求している」。この論文はマハンの文章のうち、もっとも引用されることになる。

トレイシー海軍長官もまったく同感で、マハンが雑誌論文を通じて海軍拡張と海外膨張を国民に訴えることに賛成した。アメリカが新たな運命を切り開くためにとるべき具体的進路をさし示した、この論文は好評を博し、マハンが時事評論家として華々しく登場する契機となった点でも、きわめて重要な位置を占める。

「ハワイとわが海上権力の将来」(一八九三年)　すでに一八九〇年、マハンは「合衆国海外に目を転ず」のなかで、日本人がその「国家的発展の前進部隊」として太平洋諸州に

「急速」に移住してきていると指摘していた。この危惧は一八九三年一月のハワイ革命によって露骨な黄禍論（この場合には中国人が対象）に凝固し、マハンの生涯を通じての持論となる。そしてそれが、大海軍建設のための格好のイデオロギー的論拠となったのである。ハワイ革命とは、アメリカへの併合を企図する白人勢力が、リリウォカラニ女王のハワイ王朝を倒して、親米的な臨時革命政権を樹立した事件である。ハワイ革命が勃発するや、大急ぎで書きあげたこの論考は一般の称讃を受け、彼の時事評論のなかでは最も大きな影響を及ぼす文章の一つとなった。

とりわけ彼は、太平洋支配の要《かなめ》として、アメリカから二〇〇〇マイルしか離れていないハワイ諸島が戦略・通商・国際政治のうえで至大の重要性をもち、直接的にはその所有によりアメリカ太平洋岸を軍事的脆弱性から守ることができると説いた。さらに、将来建設されるべき中米運河と連結し、それを防御する根拠地としてもハワイの領有が焦眉の急であり、中国市場への踏み石にもなる。そしてより広くは、ハワイ併合がアメリカ国民を「海外に目を転じさせる」政策の最初の具体的成果になることを力説した。しかし、グローヴァー・クリーヴランド新大統領（民主党）は反帝国主義者であったので、ハワイ併合計画をにぎり潰してしまった。

のちに一八九七年、ハワイ併合問題は再燃する。日本が日清戦争で勝利を得た勢いでハワイへの移民促進をはかろうとしたのに対し、ハワイ政府は日本人移民を制限したため、日米危機が生じたのである。日本政府はハワイ併合に反対し、日本人住民（人口の四〇パーセントを占めていた）の権利を守るための示威運動として、巡洋艦「浪速」をハワイに派遣したが、それがかえってアメリカ海軍を刺激し、併合論者を勢いづけることになった。

この最初の日米危機が生じたとき、マハンはローズヴェルト海軍次官の要請に応じて、ハワイ併合のため議員説得に一役買った。彼はローズヴェルトに勧告している。「問題は、われわれの無気力のゆえに、最も重要なハワイ諸島の将来を日本の支配に委ねるかどうかということです。……アメリカはまず同諸島をぶんどったうえで、〔それにともなう政治〕問題を解決していくべきです」。いまやマハンは、大西洋ではなく太平洋・アジア方面に、最たる「トラブル」をみてとるようになっていた。

マハンはアメリカに対する「軍事的脅威」は太平洋にあると確信していたので、太平洋艦隊を強化する必要をローズヴェルトに説いていたが、日本海軍が日清戦争以来、着実に力をつけてきたことにマハンは神経質であった。日本がはじめてアメリカ海軍の敵国と想定されるのは一八七五年のことだが、そこではハワイをめぐる対日戦争が想定されていた。

この時期になると、マハンは「太平洋の鍵」を支配するのはアジアか、それともアメリカかという思想を強力に打ち出すようになっていた。人種と文明の対立という観点からハワイ危機をとらえたのである。より広い文脈のなかで、野蛮なアジア民族の「億万の大群」の「襲来」に対して西洋のキリスト教文明を守ることこそ、太平洋国家アメリカの義務であり、そのために、アメリカはまずハワイを併合すべきだ、と強力に主張している。

「二〇世紀への展望」（一八九七年）　一八九七年、共和党がマハン色の濃い積極的な外交政策を綱領にかかげて政権を握ったが、ローズヴェルトが海軍次官に任命されたことは、とりわけマハンを喜ばせた。彼は本論文において、不安定な国際情勢――ヨーロッパ列強の帝国主義熱の再燃、そして「なかんずく日本の驚くべき発展」――を顧慮しつつ、これまでよりも遠大な世界史の観点に立って、きたるべき世紀を占おうとした。

長い眠りから覚醒して活動をはじめた東洋は、西洋の物質文明を吸収する反面、西洋の「宗教的理念」を受け入れようとしないので、両者は衝突する運命にある、とマハンは説く。彼によれば、「東洋文明と西洋文明のどちらが地球全体を支配して、その将来をコントロールすることになるか」ということこそ、二〇世紀の最たる重大問題とされた。アジア民族の「億万の大群」の襲来に対して西洋文明を守るのが、アメリカの義務でなければならない。終末的な大闘争《ハルマゲドン》の日に備えるため、アメリカはまずハワイとカリブ海に前哨地点を確保し、早く中米運河を完成し、海軍力を増強する必要があると、マハンは繰り返し論じた。

「海戦軍備充実論」（一八九七年）　ヨーロッパ列強の進出に対してアメリカの権益を守り、さらにアジア民族の大襲来を食い止めるには、大艦隊の建造だけでは不十分だ、とマハンは力説する。熟練した兵員とその予備軍を常に所要の規模に保ち、平時から士気を養っておく必要があるというのである。また彼は、「軍国主義」がアメリカ国民になじまないと認める反面、「軍人精神すなわち尚武心」を美化し、兵役中の団体訓練を通じて広く国民の間に〝戦闘精神〟や〝規律服従〟の〝徳性〟が涵養《かんよう》されることを望んでいる。

以上のような諸テーマを盛り込む代表的な論文として「海戦軍備充実論」を選んでみた。マハンが海上権力の理論を自国の戦略・軍備状況に適用しようと試みた注目すべき論文であるだけに、本書に収めた他の論策よりも専門技術的な性格が強い。マハンの没後、『ニューヨーク・ポスト』紙は「高邁で神秘的な理由から戦争を讃美するドイツの軍事指導者にもっとも近いタイプ」と評したが、その萌芽は本論文にもみられる。

ここでは彼の戦争観の一面に触れておこう。戦争とは、要するに「暴力的手段による政治運動の一形態」にすぎない、とマハンは強調しているが、それはプロイセンの偉大な軍人・軍政家クラウゼヴィッツの古典『戦争論』の有名な命題――「戦争とは形を変えた政治である」――を思わせるテーゼである。しかし、マハンが本論文を書いていたときは、『戦争論』という本があることすら知らなかった。

「アジアの問題」(一九〇〇年)　一八九八年一二月、アメリカがスペインとの戦争(米西戦争)に勝利した結果、かつてマハンが海上権力を構成する連鎖の「第三の重要な環」と呼んだ植民地をフィリピンに獲得し、いよいよ太平洋方面で領土拡張をめざす帝国主義の厳しい道を歩むようになったのである。当時、彼は中国の現状と将来に関しては「懸念に満ちた推測」を下していたけれども、「かくまで早く私の時代に合衆国〔の勢力〕が中国の正面玄関に植えつけられることになろうとは、夢想だにしていなかった」と記している。

いったんスペインとの停戦協定が調印されると、マハンはフィリピン領有の意義を中国政策との関係で、いっそう具体的にとらえるようになった。ロング海軍長官にあてた長文の覚え書きのなかで彼は、フィリピンは単に「作戦根拠地」として戦略的に「中心的な位置」を占めるにとどまらず、「政治的に不安定な状況にあり、今後戦争の舞台になる可能性の大きい」西太平洋・アジア地域におけるアメリカの「重要な政治的・経済的利益」にも関わってくる、と述べている。とりわけ、ヨーロッパ列強の進出によって分割の危機に瀕している中国との関連において、フィリピン領有は「奇跡的」な重要性を帯びてくる、とマハンは力説する。

マハンは中国における展開のテンポが加速していくのを注視し、世界政治の焦点がアジア・太平洋方面に移ったという緊迫感を一段と強めた。一八九九年の秋から冬にかけて、彼は「アジアの問題」を「予言」する文章を執筆して、翌年上梓したが、この時期は、ジョン・ヘイ国務長官の門戸開放宣言から義和団事件の勃発直前に至る危機的な時局にあたっており、きわめてタイムリーな時事評論となった。情勢は、中国市場へのアメリカの商業的進出を脅やかすものと思われたのである。

また、国内においては大統領選挙戦がたけなわであり、海外膨張を支持するマッキンレー大統領が再選されたことは、マハンにとって、米西戦争に引き続く海外進出政策が国民の支持を得たことを意味した。そして、マッキンレーが一九〇一年の秋に暗殺されたのち、「シオドア・ローズヴェルト新大統領の人物を通じて、マハンの海上権力の哲学がホワイト・ハウス入りすることになる」（スプラウト）のである。

このような背景を考えると、「アジアの問題」は〝政治的パンフレット〟ともいえよう。その続編「アジア状況の国際政治に及ぼす影響」は翌年の夏、日米露など八ヵ国連合軍が義和団の攻囲を破って北京の列国公使館を救援する直前に発表された。この両論文を合本にしたのが『アジアの問題』である。さっそくローズヴェルトから反響があり、「非常な興味をもって読んだ。私もまったく同感だ。とりわけ中国における英米共同歩調が、アジアの将来、したがって世界にとって、このうえなく重要だと思う」と称讃の手紙がとどいた。

同書は、マハンの世界政治観を幅広く強力に打ち出したものとして興味深い。ここではそのエッセンスしか抄訳できなかったので、全般的な特徴の検討をもって解説に代えたい。

まず第一に、われわれの注目をひくのは地政学《ジオポリティックス》的な発想であろう。すなわち、大陸国家（ロシア帝国に代表される）と、海洋国家群（歴史的にはイギリスを筆頭とし、新しくアメリカ、さらに新興日本をも含めている）との対立を軸として世界政治をとらえる観点である。かつてマハンが〝脅威〟としていた日本を仲間に含めたのは、「海上権力の点からみるとチュートン国家群と日本とは一致している」と考えたからである。「スラヴ国」に対抗する共同戦線に日本を誘い入れようというのである（イギリスの地政学者ハルフォード・マッキンダーの著作は四年後に出ているので、こうした観点はマハン自身の海上権力論から導き出されたものであった）。

かねてからマハンは、中国の将来が西洋文明の運命を決定すると考えていたので、ロシアによる中国併呑を阻止するために、海洋諸国が揚子江流域を共通の海軍根拠地として共同すべきだと主張した。日本やドイツも含め、いまや四ヵ国の「共同行動」を望んだのは、以上のような思惑によっても説明がつく。もちろん、その基礎になったのは海上権力論であり、遠隔の本国から海軍力を行使するためには、艦隊増強が絶対必要であると、彼は繰り返すのである（いうまでもなく、このような四ヵ国共同案は立ち消えになった）。

地政学や権力政治（勢力均衡）にもとづく第二、第三の観点は、人種論と東西文明対立論の導入によって一段と複雑な図式を呈するようになる。マハンは〝人種〟という言葉を一九世紀末に特徴的なルーズな意味に用いているが、「停滞したアジア社会」を論じるにあたり、アジア人を劣等人種とみなしていたことは明白である。中国を「向上」させるという「崇高な使命」を説くのと裏腹に、マハンは「中国人に対処するには私が子供を育ててきたのと同じ方法しかない。彼らにいくら説いて聞かせても無駄で、ひどくぶんなぐってやるだけでよい」と内心考えていたのである。このような侮蔑的な中国人観とは矛盾するようだが、マハンは同時に四億の中国人の大群が西洋に襲来してくるという黄禍論に脅えていたのである。

しかし、同じアジア民族といっても、彼によれば日本人だけは別格で、進取の気性に富み、西洋文明の物質面にとどまらず、その「精神的・思想的理想」をも受け入れつつあるので、むしろチュートン民族の範疇《はんちゅう》に入ることになる（第二次世界大戦中、ヒトラーが日本人を「名誉白人」「名誉アーリア人」と呼んだことを想起させる）。そして、日本が東洋における西洋文明の代表あるいはチャンピオンとして、アジアの「再生」と「進歩」に貢献することに、マハンは将来への希望の光を見出したのであった。かつての排日的人種主義を捨てた対日接近の背後には、前述のようにロシアの脅威が大きな影を落としていた。

『アジアの問題』を貫く第三の特徴として、マハンの宗教論、説教調が鼻につくほど出てくる。彼にとって「進歩」とは、通商・産業の振興とともに、欧米のパターンに即した文明や政治制度の発展、そしてその礎石として「キリスト教の伝播」を意味した。つまり、彼のくだくだしい議論を極端に要約するならば、〝三つのC〟（Commerce, Civilization, Christ）ということになる（さらに、その手段たる制海権 Command of the Sea を加えるなら、マハンの思想の全容が〝四つのC〟に語呂よくおさまる）。『アジアの問題』においても、アメリカは「よき羊飼い」としてアジア人を「キリスト教文明」に「改宗」させる「義務」があると説き、またそうすることによってのみ未開の異民族の大襲来を未然に防ぐことができるとする。しかし、そのためには欧米諸国は自ら受け継いできた「戦闘的」な民族性を維持し、強力な軍備を整えておかねばならない——。

マハンは、『アジアの問題』が時事問題に関する自分の「白鳥の歌」になるだろうと考えた。しかし、海軍はまだまだ彼の専門的助言を必要としていた。そののち一九一〇年に至るまで海軍将官会議は彼の判断を求めた。

日米危機とマハン

アメリカ海軍が日本を仮想敵国とする作戦計画（オレンジ・プラン）に着手するのは一九〇六年であったが、それ以前からマハンは対日戦略について思いめぐらしていた。

一九〇三年、海軍将官会議は、艦隊の配置問題についてマハンに意見を求めた。彼は持論を貫き、艦隊勢力の《集中》の重要性を強調したが、集結した艦隊を、従来のように大西洋ではなくて太平洋に配置すべしと主張して、将官会議の面々を驚かせた。

彼の意見は戦略的というよりは政治的判断にもとづいていた。すなわち、ヨーロッパ諸国からの直接の脅威はまず考えられないのに対して、極東情勢はいたって流動的であり、アメリカが太平洋において「攻勢」をとる必要も生じうる。「わが戦闘艦隊を太平洋から引き揚げることは、弱腰の政策を告白することになる。それは、偏狭な、軍事的に誤った政策への回帰を意味する……太平洋と極東こそ、きたるべき重大問題なのだ」。

すでに、一九〇三年の時点で、マハンがこのような太平洋第一主義を唱えていたことは注目に値する。しかし、伝統的な大西洋第一主義を奉じ、より強力なドイツを仮想敵国とする海軍首脳部は、マハンの意見を却下した。

一九〇四年二月八日、日露戦争の勃発は、まったくマハンの予期しない出来事であったが、かねてからロシアに絶大の脅威をみる彼は日本支持にまわり、連合艦隊によるロシア太平洋艦隊の奇襲攻撃を「見事な成功」とたたえた。日本海海戦の初期に活躍した瓜生外吉《うりゅうそときち》は、マハンの海軍士官学校教官時代の教え子であったし、秋山真之のようなマハンの〝弟子〟がいたことも、彼をますます日本びいきにしたのであろう。

彼はさっそく時事評論を書き、日本がマハンの戦略理論を積極的に取り入れて予想を上回る勝利を遂げたことに満足した。「日露戦争の教訓」は、艦隊の《集中》と《制海権》の重要性ということであり、ロシアは《集中》の鉄則を無視して、バルト海、黒海、旅順に艦隊を分散していたために、日本に敗れたと力説した。マハンは「大西洋をバルト海に、太平洋を旅順に置き換えてみよ」とアメリカ人に教訓を指し示したのである。

日露戦争によってもたらされた〝日米関係の第二の蜜月〟もつかのまで、カリフォルニアの日本人移民問題がマハンを極端な排日論にかりたてた。一九〇六〜〇七年、排日問題を導火線として日米危機、さらには日米開戦説《ウォー・スケア》が燃えあがったとき、マハンは「日本移民の流入を拱手傍観するならば、一〇年もたたないうちにロッキー山脈以西の人口の大半が日本人によって占められ、同地域は日本化されてしまう」と本気で憂えていた。「その権利を日本に認めるくらいなら、明日にでも戦争する方を私は選ぶ」。同化できない日本人の大量流入は「アメリカ国民の同質性を損ね、国の弱体化を招く」というのが、マハンの基本的な立場であった。

移民問題が沸騰点に達したとき、ローズヴェルト大統領は大艦隊（有名な「グレート・ホワイト・フリート」）一六隻の全世界周航中、太平洋に回航させるという大胆な決定をくだした。その狙いの一つは、彼の強力な指導下で大々的な拡張をみたアメリカ海軍の実力を日本に示威することにあった。マハンは、日本を対象とする敵対的デモンストレーションという「巨棒外交」説を極力打ち消しているけれども、彼もやはりローズヴェルトと同様、太平洋における海上権力と国内の排日問題とを結びつけて考えたのである。

「アメリカが強力な海軍計画を維持・実施しているかぎり、日本は財政的な窮地にあって慎重たらざるをえないが、いったんわが国の艦隊力が弱まるや、日本政府は移民問題をめぐる国民感情を押えることができなくなる」「利害の対立する両国間に平和を維持するには、力によるほかない」と主張するマハンは、心の奥底では対日示威の効果を計算に入れていたにちがいない。当時、日本海軍でもアメリカ艦隊の回航を「挑発的行為」とみる向きが多かった。苦慮した日本政府は回航艦隊を日本に招きいれ、朝野をあげて大々的に歓迎した結果、日米関係は劇的に好転したのであった。

　一九一三年、第二の日米危機がカリフォルニア州の排日土地法をめぐって勃発したとき、マハンはロンドン『タイムズ』に注目すべき一文を寄稿した。「日本人の強靭な人種的特性」は、その西洋化によって変わるものではなく、それゆえ日本人がアメリカに「同化」できる見込みはない、と彼は断言した。若き日に「イロクォイ」号で訪日したとき、「日本人の愛想と礼儀正しさ」に印象づけられたと懐かしみながらも、しかし、彼は「日本人の成功の秘訣である、あの強力で不変、そして異質な人種的特徴」が、アメリカに移民したからといって「消化・同化されることはない。彼らの存在が日本との絶えざる摩擦の原因になるので危険だ」と書いたのである。このように露骨な人種主義は、海軍をはじめ日本の指導者をいたく憤激させることになる。

　マハンはその後も一九一一年に至るまで、海軍将官会議の諮問に応じ続けた。一九一三年には、もう一人のローズヴェルト、フランクリンが海軍次官に就任した。彼は一五歳の誕生日に、遠縁の従兄弟にあたるシオドアから『海上権力史論』を贈られて以来、マハンの著作に親しんできた熱烈なマハン信奉者であり、マハンは彼を「有望な弟子」とみなしていたようであった。

　この時期にマハンが助言した問題の多くが太平洋方面に関するものであった。日本を「仮想敵国ナンバー・ワン」とするオレンジ作戦計画では、モンロー主義や門戸開放政策と並んで日本人移民問題が主要な開戦理由とされたが、一九一〇年、ジョージ・マイヤー海軍長官からの諮問にこたえて、マハンは「門戸開放政策をめぐる対立とカリフォルニアの排日問題のために、太平洋では大西洋よりも戦争の危険がはるかにさしせまっている」と進言した。「門戸開放の結末が不確かで、日本人移民に対する太平洋岸住民の激しやすい偏見があり」、さらにハワイとフィリピンの脆弱さによって日本に誘惑をあたえているかぎり、日本による太平洋岸攻略の可能性はある。「太平洋におけるアメリカの権利――門戸開放、フィリピン、ハワイ――」を守るためには、真珠湾の防備を強化し、グアムを「太平洋のジブラルタル」にする必要がある、と彼は勧告したのである。この時期に、アメリカ太平洋岸への日本の攻撃の可能性をみてとったのは、日本恐怖症というほかない。太平洋によって隔てられた距離とアメリカの海軍力によって、アメリカは日本の侵攻から安全に守られていた。むしろマハンが警告したのは、日本がフィリピン、グアムを攻撃することであり、また排日問題が日米戦争に導くということであった。

日本の主力艦隊を決戦で撃滅して西太平洋の制海権を掌握し、日本の海上連絡路を遮断して封鎖するという「オレンジ作戦計画」は、太平洋戦争に至るまでアメリカの海軍戦略の原型となるのだが、基本的にそれはマハンの理論を太平洋に適用したものといえる。

マハンは第一次世界大戦以前のアメリカにおいて、勢力均衡システムの特質とその不安定さを理解できる数少ない人物の一人であり、晩年の彼は、このバランスの破綻によるヨーロッパ大戦の到来を予言していた。そしてヨーロッパ大戦が勃発すれば、それがただちに太平洋に波及して、日米関係を危険なまでに悪化させることになる、と深く憂えていた。

一九一四年六月、彼は日本について神経過敏とも思われる書簡をF・D・ローズヴェルト海軍次官に送った。マハンは「われわれが人種問題を回避するために国家安全上、肝要とみなす〔排日〕措置を、日本は侮辱とみなすのです。この危険から見て、艦隊の整備・修理のために西海岸の軍事施設を強化する必要を痛感せざるをえません」と述べた。また彼は、いったん戦争がはじまれば、日本がドイツ領南洋諸島を占領することを懸念するとローズヴェルトに書き送ったのであった。

マハンの親英主義は、第一次世界大戦が勃発するや、彼を窮地に追い込むことになる。すなわち一九一四年八月三日、彼は公の記者会見において「イギリスは、ただちに宣戦布告してドイツに攻撃を加える必要がある」と声明してしまったのである。当時、ウィルソン大統領は懸命になって厳正中立を国民に訴えている最中だったので、マハンの発言は大きな波紋を投げかけた。さっそくウィルソンは「特別命令」を出し、現役・退役を問わず海軍士官がヨーロッパの軍事・政治情勢に関して論評することを固く禁じた。この禁令に不満なマハンは特免を願い出たが、聞き入れられず、やむなく著作生活を閉じることになった。

この事件がマハンの死を早めたと、彼の親友や遺族たちは信じていた。また、晩年のマハンは自分の海上権力論がドイツ海軍力の拡充を促進させ、ヨーロッパ大戦の一つの起因になったと信じて苦悩し、それが彼の死期を早めたという説もある。さらに、日米関係の悪化もマハンを悩ませていたことであろう。一九一四年一二月五日没、享年七四。シオドア・ローズヴェルトはその弔辞のなかで、「アメリカにおける最大かつもっとも有益な影響」と述べたが、マハンの功罪は、その日米関係に対するインパクトに鮮明にあらわれている。

日米関係のなかのマハン

一八九〇年、『海上権力史論』が出版されるや否や、日本の指導者はその重要性を素早く見抜いたが、それはこの書が単にアメリカ一国の国策論にとどまらず、マハンが意図したように普遍的な戦略的ドクトリンを打ち出しているとみたからである。すなわち、マハンの著作からその年月、場所、人事世変の関係をいっさい捨象すれば、「一定不易の原則」を抽出することができる、というのである。金子堅太郎が『海上権力史論』を紹介したとき、彼の念頭にあったのは、いうまでもなく日本への適用ということであり、「之を熟読し日本帝国をして太平洋における海上

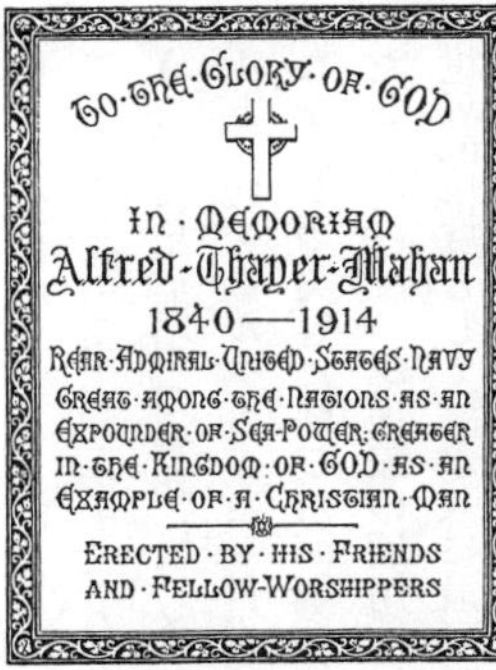

「神の栄光のもとに」（マハンの記念碑）

の権力を掌握せしむることに奮闘」すべし、と彼は説いたのである。のちに(一九九四年)、アメリカ海軍大学校(マハン記念戦略講座担当)のジョージ・W・ベア教授が述べたように、「日本海軍の戦略はアメリカのそれよりもマハン的」になるのである。歴史家リチャード・W・タルクもまた「日本帝国海軍におけるほど、マハンの戦略ドクトリンをより純粋なかたちで実行に移した海軍は他にない」と記している。

たしかに、マハン理論の適用性については、東郷平八郎元帥が「マハンの著作が兵学研究の世界的権威として、永久に最高の位置を占むべきは、各国海軍兵学家の皆斉《ひと》しく承認する所にして、予は将軍の遠大な識見に対して深厚な敬意を表するものなり」と絶賛している。

マハンの大著が日本海軍の正典になったことは明らかであるが、はたしてそれが実際、日本の士官のあいだで、どのようにして理解されていたのであろうか? マハンのこみいった文章は(アメリカ人にとってさえ)晦渋《かいじゅう》であった。大多数の士官たちは、マハンの原典(あるいは邦訳)よりも、むしろマハンの解説者を通じて吸収したものと思われる。ここでは秋山真之と佐藤鉄太郎の二人を取りあげよう。

秋山真之　海軍兵学の鬼才、秋山真之はマハンの〝直弟子〟といってもよい。一八九七年六月、大尉としてアメリカに留学を命じられた彼は、かねてからマハンの著作を暗誦するほど熟読しており、ニューポートの海軍大学校に入り、マハンのもとで学びたいと考えた。

秋山真之

しかし、海軍大学校では対日戦争を想定した作戦研究も始まろうとしており、機密保持の問題もあって、外国の士官の入学を認めていなかった。そこで秋山はニューヨークのマハン邸を二度訪れて個人的な指導を求めた。マハンは「海軍戦術を研究しようとすれば、海軍大学校におけるわずか数ヵ月の課程で事足りるものではない。必ず古今海陸の戦史をあさり、さらには欧米の諸大家の名論卓説を吟味してその要領をつかみ、もって自家独特の本領を養うことが必要だ」と助言した。秋山はそれを受けいれ、ワシントンの海軍省の三階にあった海軍書庫に頻繁に出入りして、戦史戦書を読破した。

一八九八年の米西戦争では、秋山はアメリカ大西洋艦隊の旗艦「ニューヨーク」に観戦武官として乗り込み、アメリカ艦隊がスペイン艦隊をサンチアーゴ港内に閉塞して撃滅するのを実見した。のちに体系化されることになる秋山兵学の基礎は、こうして彼の駐米中に徐々に形成されていった。

日本の海軍大学校では、一八九九年度より三年の期限で（破格の待遇で）マハンを戦術教官として招聘するという話がもちあがり、その忌憚のない人物評を秋山に求めてきた。秋山の書き送ったマハン観は、「哲学的頭脳ニ論理思考ヲ加味シタル神経質ノ兵学者ニシテ、米国人ニハ真ニ珍シキ精神家」というものであった。さらに「此人一定ノ用兵主義ト国家的大野心ヲ抱蔵致居レバ、中々以テ油断ノナラヌ老爺ト小生ハ看破致居候」とも述べている。

マハンは当時、矢継ぎ早に海外膨張論の論策を発表していたが、秋山の書簡の行間には、フィリピン領有後のアメリカの太平洋・極東進出に対する警戒の念が読み取れる。結局、マハン招聘は実現しなかったが、海軍大学校がマハンをいかに高く評価していたかを示すエピソードとして興味深い。

一九〇〇年に帰国した秋山は、新設の戦術講座を担当するため海軍大学校の教官に補せられた。秋山はまず、アメリカからもち帰った兵棋演習《ウォー・ゲーム》と図上演習を教科に取り入れた（それは、アメリカ海軍大学校でマハンも参画して考案されたものであった）。そして講義では、「米西戦争の実見と研究とにもとづき、これに日本の史実と国情とを加味し戦略・戦術を根本的に改正し、帝国海軍の兵学に秋山式なる一新紀元を開いた」といわれる。

一九〇三年から始めた「基本戦術」の講義では、彼は次のように言い切った。「ソレ戦闘ノ本旨ハ攻撃ニアリ」「戦闘力ノ主力素ハ攻撃力ナリ」「戦艦ハ海上ノ戦闘ヲ主管セル戦闘単位ノ基本ナリ」。このような秋山兵学が骨子になって「海戦要務令」（一九三〇年代に至るまで五回改定）が制定されたが、それは実に太平洋戦争に至るまで、日本海軍の兵術思想の中核となったのである——「決戦ハ戦闘ノ本領ナリ」「戦闘ノ本旨ハ速ニ敵ヲ撃滅スルニ在リ」。いずれもマハン理論の響きがある。

日露戦争中、秋山は東郷平八郎・連合艦隊司令長官の先任参謀として、重大な作戦を一手に引き受けてきりまわしたが、ここで米西戦争の教訓を生かしたのが興味を引く。秋山自身、ロシアの太平洋艦隊を旅順口に閉塞する作戦は、米西戦争でアメリカ艦隊のサンチアーゴ封鎖に倣った点が少なくなかった、とのちに語っている。

しかし、秋山はマハンの所説をけっして金科玉条とするのではなかった。国情も違えば地形も違う外国の兵書は、これを批判的に取り入れるべきだとし、彼独自の兵学を編み出したのである。たとえば、《制海権》の掌握を戦略の目的とするマハンに対して、秋山は《制海権》の意味が漠然としており、茫漠たる太平洋上で完全な《制海権》を確保することは至難であると指摘していた。また、勝利のためには敵艦隊の全滅よりも、「敵ノ意思ヲ屈シテ我ニ服従セシメントスル屈敵主義」が得策だと説いたのである。

佐藤鉄太郎

佐藤鉄太郎　マハン理論を日本の地政学的・戦略的状況に適合させ、日本独自の海洋国防ドクトリンとして再構築したのが佐藤鉄太郎であった。マハンがルース校長によって大海軍主義のイデオローグとなるべく選び出されたのと同様、佐藤は山本権兵衛海相によって「海洋主義」の理論家となるべく起用されたのである。

山本は、従来の「陸主海従」の国防方針を「海主陸従」に転換する政策の一端として、一八九九年、軍務局員・佐藤鉄太郎少佐をイギリスに派遣し、国防論の研究に従事させた。佐藤は留学前、すでにマハンの著作を「愛読」していたが、ロンドンで一年半戦史を研究したのち、アメリカに八ヵ月駐在して調査するにおよび、マハンの大海軍イデオロギーの影響を「決定的に」浴びたのである。留学時代の秋山と同様、佐藤も「朝から晩まで戦史の軍書を読破」していたという。こうして佐藤はマハンの説く制海権、集中、艦隊決戦、攻勢のドクトリンを身につけたのであった。

日露戦争で第二艦隊の先任参謀をつとめたのち、佐藤は一九〇七年に海大教官に任じられ、「海防史論」を講義した。彼はしばしばマハンを引用したが、史実に基礎をおいて実戦の経験を説き、忘れ難いインパクトを与えた。この講義にさらに史実で肉づけをほどこしたのが膨大な『帝国国防史論』(一九〇八年)であり、それは爾後、日本海軍の「正典」となった。

この書のなかで佐藤は「マハン大佐の議論正確にして、その着眼の極めて明晰」と称讃しているが、その影響は随所にみられる。まず日本を「海島国」としてとらえる佐藤は、「是非とも世界随一の海島国たる英国にその史例を求めねばならぬ」と説き、国防の第一線としての海軍の戦略を詳論する。彼によれば、海軍の主目的は太平洋をこえて来攻する敵艦隊の撃滅であり、そのためには西太平洋における海軍力の優位が前提とされた。

このように、彼は局地的な海軍優位を説いたのだが、ときとしてマハン理論の海外膨張論に魅せられるあまり、グローバルな「海洋発展」の思想に走ることもあった。「今や帝国は世界的発展をなすべき機運に在り、而《しか》も世界的の発展は……必ずこれを海洋的発展に俟《ま》たざるべからず。……その国防の義を全うし、世界的発展をなすべき進路は海上に在り」。しかし、佐藤の「海洋主義」は、限られた軍事予算の配分において、「海主陸従」の優先順位を獲得するための官僚的ドクトリンでもあり、その適用海域の範囲は限られていたのである。

佐藤はその戦略論では、あくまで攻勢第一主義を貫いた。彼はマハンを引用しつつ「戦時海軍の目的は、第一着に敵の艦隊を打ち破り、海権を我手に収むるを旨とす。即ち此目的の為には我海軍の全力を挙て敵艦の殲滅を図らざるべからず」。佐藤は《制海権》をきわめて重要視し、艦隊決戦のドクトリンを強力に打ち出したが、この決戦至上主義は、マハン理論を踏襲するものであり、また日本海海戦における大勝利によって裏打ちされていた。

軍備の基準や仮想敵国の想定のしかたにおいても、佐藤はマハンの影響を受けていた。マハンによれば、一国の「軍備の基準」となるべきものは、「もっとも起こりそうな危険ではなく、もっとも恐るべき危険」である。したがって、その軍備基準は「最強の仮想敵国が、わが国に対して結集しうると予測される兵力」であるべきだとされた。

佐藤はマハンと同様に、戦争のプロバビリティーや相手国の政治的意図ではなく、もっぱらその能力の観点から、仮想敵国を次のように定義する。「その国交の親疎に論なく最大勢力を以て我に対し得る一国を取り、かりに之を想定敵中目標とするのである」。佐藤がアメリカを仮想敵国にすえたとき、それは単に〝軍事基準国〟を意味していた。

このように「海主陸従」を軍備の基準とし、「仮想敵国」を想定するならば、アメリカの存在が大きく浮かび上がってくる。事実、マハンから佐藤鉄太郎を通じて、山本権兵衛とその後任者たちは、実に太平洋戦争の前夜に至るまで、この仮想敵国論を海軍軍備の拡張と予算獲得のための官僚的論拠にすることになる。

佐藤はしばしば「日本のマハン」と呼ばれるが、しかし、両者のあいだには決定的な相違があった。マハンが説いたのはグローバルな海外膨張であり、「生産、海運、植民地の連鎖」を基盤とする《海上権力》のドクトリンであった。これに対して佐藤が主張したのは「東洋ヲ管制シ得ベキ海軍力」にとどまった。彼の戦略的視界は西太平洋、狭義には日本近海に制限されていたのである。

秋山と佐藤を通じて日本海軍が摂取した戦略上の鉄則は、戦艦中心主義、艦隊決戦の固定観念であり、日米両海軍がこのようにマハンのドクトリンを共有していたからこそ、両者の間に一種のミラー・イメージ（鏡像）が形成されて対立が激化し、ついにそれが真珠湾に向かっての衝突コースをたどる戦略的な一要因になったともいえよう。

海軍戦略についてのマハンの唯一の著作（*Naval Strategy*, 1911）は軍令部により『米国海軍戦略』として邦訳されているが、一九四二年七月に再版されたとき、その序文で大本営海軍報道部の富永謙吾少佐はこう記した。「もしマハンがゐなかつたら、大東亜戦争は或は起こらずに済んだかもしれない。少なくとも、ハワイ海戦といふものが存在しなかつたのではなかつたのかと考へられる」。なぜなら、マハンが言いだしたように、ハワイこそ「米国が太平洋を自己の湖沼化せんとした出発点であつたから」。

ところで、もし仮にマハンが生きていたとするならば、彼は真珠湾攻撃に「驚愕」し、こう独語するであろう、と富永は書く。「海軍の目標は敵海軍にあり。――この制海権の最高目標と最善の手段をこんなに見事に理解体得し達成した実例は恐らく空前絶後である」と。

富永が、制海権の重要性の再認識のために「必読の文字」としてマハンの『海軍戦略』を推奨していた、まさにそのとき、日本海軍はミッドウェー海戦に完敗し、制海権を失いつつあった。一方、ローズヴェルト大統領は〝マハンの弟子〟として、太平洋進攻作戦にマハンの戦略ドクトリンを適用して、対日勝利への道を築いていたのである。まず《制海権》を確保することが、マハン的な海軍大攻勢の先決条件であった。

軍事史家ラッセル・ワイグリーも主張する。「マハン的なアメリカの海上権力が、潜水艦・航空・海兵隊の勢力に支えられて対日勝利をおさめた」。ロバート・シーガーは、その異色のマハン伝を、こう締めくくっている。「アメリカ海軍はミッドウェーの大海戦で決定的勝利を遂げたのち、空前の無敵艦隊をもって容赦なく太平洋を西漸して日本帝国海軍を完壁に撃破、ついに東京湾に到達した。もし仮にマハンが生きていたとするならば、どれほどエンジョイしたことだろうか！」。

加藤寛治の日米必戦論

のちに「艦隊派」の総帥として知られることになる加藤寛治大尉は、直接マハンの著作から影響を受けた形跡はないが、マハンの説く太平洋膨張論に憤激して、それに対応するかたちで対米強硬論を編み出した指導者であった。

一八九三年二月、マハンが「ハワイとわが海上権力の将来」を大急ぎで執筆しているとき、加藤は少尉として巡洋艦「浪速」に乗り込み、ホノルルに向かっていた。その三〇年後に加藤は回顧して、「当時の微々たる米国海軍力に対し、わが最新鋭艦を背景とすれば、アメリカのハワイ領有は未然に防ぐことができたのに」と臍をかむ思いであった（当時、日本はイギリスにつぐ太平洋上の海軍国であった）。

一九一三年のカリフォルニア排日土地法制定の際も、加藤はマハンの露骨な人種主義に激怒し、いっそうその対米戦争不可避論への傾斜を強めた（ちなみに、佐藤鉄太郎も排日土地法ののち、「日米両国が太平洋を争うべき運命を有するは勿論」と、マハン流の戦争宿命論を唱えるようになる）。

より重要であったのは、マハンの太平洋膨張論、より正確にはその経済決定論が、日本海軍の日米戦争宿命論に与えた影響である。すでにみたように、マハンは国内の経済繁栄を保つためには海外市場の拡張が必要と説いていた。他の経済大国もまた国際的な通商優位を狙うので、アメリカは必然的に競争相手国との対立に巻き込まれることになる。つまり、アメリカは中国貿易をめぐって必然的に日本と戦争になるというのが、アメリカ海軍の強迫観念であった。

一九二〇年代、三〇年代を通じ加藤はマハン的発想にもとづき、「海上権の消長が国家の盛衰」を決定するからには、日米両海軍は「太平洋の支配権」をめざして衝突針路を突進するほかないと主張した。そして、彼はマハン流の経済決定論を展開し、中国の「宝庫」をめぐる「経済戦」こそ「日米海軍の争覇戦」の真因だと信じていた。そして、その原動力はアメリカの根深い「資本的帝国主義」にあると断定する。

このような経済的・戦略的・政治的観点から、加藤はマハンの大海軍主義のイデオロギーを、日本海軍に適用したのである。ここにも日米間のミラー・イメージが色濃く認められるのである。

「マハンの亡霊」と日本海軍

興味深いことに、マハンの戦略ドクトリンが日本海軍に及ぼしていた影響は、アメリカ海軍で認識（過大評価）されていた。たとえば、一九二〇～二一年、合衆国海軍協会《ネイヴィー・リーグ》（海軍の外郭団体）会長のウィリアム・H・ガーディナーは、ウィリアム・S・シムズ提督あての書簡で、「日本の海軍将官なら誰でもマハンの著作に精通している」ので、「マハンは日本の帝国主義政策にとって、またとなきガイドブックになる」と恐慌的に記している。同じころ、駐日海軍武官は、「島帝国日本にとって、外国との戦争は制海権の掌握によってのみ可能であることは、一般国民のみならず、学童のあいだですら通念になっている」と誇張ぎみに報告していた。そこにも日米間のミラー・イメージの相互作用が見られる。

すでに見てきたように、秋山真之や佐藤鉄太郎のマハン摂取は、批判的かつ現実的であったけれども、その後になると、海軍の組織的利益、つまり陸軍に対抗して海軍予算の拡張と優位を正当化するためにマハン理論を援用するという〝官僚政治的〟な便宜主義が露骨になる。

マハン的な大海軍主義を極端に推し進めたのが、「南洋王」の異名をもつ中原義正大佐であった。彼は一九三九年九月三日（イギリスがドイツに宣戦布告した日）に特筆した。「日本を海洋国家に引き直し、海軍発展に主力を置く事（之には英米と戦う事も辞せず）」。戦備と予算の奪取をめぐる陸海軍の対立は、太平洋戦争中も続くのだが、これは「いかなる国といえども、海軍大国であると同時に陸軍大国でもあることは不可能である」というマハンの警告を完全に無視した致命的な過誤であった。

日米間の地政学的な相違を無視した、マハン理論の曲解や歪曲は、敗北への処方箋でしかなかった。数少ない「リベラル」な海軍指導者であった井上成美提督は戦後、かつてマハンが『海上権力史論』で挙げた海軍大国の六条件のうち、日本はアメリカと比べ「領土の規模」「人口」「(海軍に適した)国民性」を欠き、資源や産業力の点でも比較にならなかったと反省している。

すでに述べたように、日本海軍の戦略思想は、マハンよりもマハン的な教条主義に凝り固まっていた。日本の戦略は、戦艦中心主義、主力艦隊決戦、船団護衛の軽視など、どの点をとってみても、マハン理論を一段と硬直させたドグマであった。日本海軍はまた、アメリカも太平洋上で絶大な艦隊決戦に出るであろうから、日本側の勝利による短期戦になるという希望的観測にとらわれていたが、このミラー・イメージは致命的になった。

アメリカやイギリスにおいて、マハンを第一次世界大戦の「放火魔」「死と破壊の哲学者」「建艦競争の仕掛け人」にしたてる、マハン悪玉説が周期的にあらわれたが、マハンの影響は、とりわけ日本において破壊的、破滅的であったように思われる。しかし、それはマハンの「影響」というより、マハン理論の選択的・恣意的・意図的な曲解、誤解、歪曲の結果というべきであろう。

春秋の筆法をもってすれば、日本海軍の指導者を真珠湾攻撃に導き、東京湾上での無条件降伏をもたらしたのは、「マハンの亡霊」であったと言えるかもしれない。

マハンの評価をめぐって

マハンの歴史的評価の変遷は、明暗両面の織りなす興味津々たるテーマである。かつて彼が会長に選ばれたことのあるアメリカ歴史学会は一九一四年四月、その権威ある機関誌において「彼の大著は、われわれの世代の他のいかなる本よりも甚大な影響を欧米諸国の指導者に与えた」と記し、同年一二月マハンの死去直後に採決した決議文では「彼は同時代のどの学者よりも世界政治の進路を大きく左右した」と述べた。一九三五年に『帝国主義の外交』と題する大作を著わした指導的な外交史家ウィリアム・ランガーは、マハンほど大きい世界的影響を及ぼした史家は「過去、二、三世代にあらわれていない」と書いた。

かつて、第一次世界大戦勃発の火付け役とマハンをこきおろしたことのある歴史家ルイ・ハッカーも、冷戦たけなわの一九五七年になると、マハンを次のように再評価した。戦争の態様が一変してしまった第二次世界大戦後においても、「マハンの説いた教訓は関連性《リラヴァンス》がある。なぜなら、彼の海上権力の政略と戦略は往時と同様、わが国の安全保障の鍵をなすからである」。

国際政治の分野でも、「政治的現実主義」の観点からマハンが再発見された。その代表的スポークスマンであった外交官・歴史家のジョージ・ケナンは『アメリカ外交五十年』（一九五一年）のなかで、マハンは「アメリカの安全の源泉に根本的な検討を加えた」と高く評価した。マハンは時代に先んじた予言者として見直されたのである。一方、国際政治学者ロバート・E・オズグッドは『アメリカ対外政策における理想と自己利益』（一九五三年）のなかで、マハンは「国際政治の創造的な思想家」「アメリカ史全体を通じて政治的現実主義を最も強力に主唱した有力な指導者の一人」であり、国益中心の観点から「世界列強としての大戦略を冷徹に包み隠しなく分析」することに成功したと述べている。

これに関連して、冷戦で脚光を浴びることになる「核抑止論」の萌芽も、すでにマハンにみられる。たとえば、シオドア・ローズヴェルト海軍次官にあてた書簡（一九九七年五月）のなかで「海軍軍備は主として戦うためではなく、戦争を回避するために存在するのであり、戦備を整えることによって敵側を抑止（deter）するのだ」と書いている。

他方、戦略面については、どうであろうか？　はたして、マハン理論は現代でも適用可能な要素があるのだろうか？　マハンの戦略思想は軍事技術や兵器体系の革命的変容にとって意味を失ってしまったのだろうか？　たしかに海洋では、マハン理論が唱えたように主力決戦による敵艦隊の撃滅という単純な「制海権」を行使するのは不可能になっている。

冷戦とその後――マハンは「老朽艦」か？

〝生きた古典〟というからには、マハンの戦略理論は現代的状況にも関連性《リラヴアンシー》がなければならない。しかし、〝大艦巨砲主義〟時代のマハン・ドクトリンは、大陸間弾道ミサイルや原子力潜水艦などの技術開発によって、過去の遺物と化してしまったのではなかろうか？　第二次世界大戦後、マハンは時代遅れの「老朽艦」としてスクラップすべきだという議論が流行した。

たしかに、現代の戦争は、かつてマハンが唱えたように、海上における主力艦隊同士の一大決戦によって勝敗が決まるものではなくなり、地上の戦略的中枢に対する海上力からの攻撃によって決定される。しかし、核兵器の登場にもかかわらず、マハン的な制海権が無効になってしまったわけではない。この時代、アメリカ海軍大学校での討議は「核時代におけるマハン」をめぐってであった。

アメリカは冷戦中、マハンのような戦略理論家を生み出すことはなかった。一九五三年、海軍史および戦略の権威ジョン・D・ヘイズ少将は、「マハンのようにわれわれの時代の経験を分析し体系化してくれる人物があらわれるまで、マハンの偉大な歴史的著作を熟読して間違うことはない」と語ったのであった。

かつてマハンが述べたように、全世界に及ぶ海上交通路《シー・コミュニケーションズ》は、現在でも国家権力および戦略の単一のもっとも重要な要素である。「海上権力とは海に浮かんだ軍事力だけではなく、平和的な通商および海運も含めるのであり、それこそ海軍の艦隊が自然にかつ健全に生まれてくる母胎である」とマハンは述べていたのである。

ところがソ連では、軍事的側面をことさら強調し、最新式のミサイルと核兵器を搭載する原子力潜水艦を艦隊の中核にすえた。ソ連海軍の増強と進出は、米ソ間の戦略的バランスを崩す兆しとして、ワシントンの警戒を募らせた。海上権力の重要性がふたたびクローズ・アップされたのである。そして一九七一年、ソ連は原子力潜水艦の現勢力および建造中の艦の総数ではアメリカを凌駕し、第二次世界大戦以後はじめて海上における競争国となったのである。

セルギー・ゴーシュコフ

劉華清

あるイギリスの著名な海軍史家は、「マハンが海上権力の適用について力説した教説にもっとも忠実に従っているのは、ソ連のようにみえる」と観察している。こうして海洋支配は、ふたたび世界戦略の舞台の中心を占めるようになった。

ソ連のセルギー・ゴーシュコフ元帥（「赤いマハン」「近代的なソ連海軍の父」とも呼ばれた）は、口をきわめて制海権の重要性を説いた。アメリカの海軍関係者が「あまりにもマハン的だ」と彼を批判したとき、「そのどこが悪い？」と反問したという。

冷戦の終焉、ソ連の崩壊により、敵艦隊の撃滅を目指すソ連のマハン的ドクトリンは消え去るかにみえた。しかし、ソ連に代わって中国がアメリカ海軍による太平洋支配に挑戦しはじめた。中国海軍は南シナ海域における脅威に対応できるだけの勢力（とりわけ潜水艦）をもつに至った。「中国のマハン」と諸外国から異名をとる劉華清提督（中国人民解放軍司令、一九八二〜八八年）は、中国海軍を沿岸防衛から外洋海軍に脱皮させるうえで、決定的な役割を演じた人物である（彼を「中国のゴーシュコフ」と呼ぶ人もいる[注1]）。

マハンの通商ドクトリンからすれば、中国が制海権の能力を狙うのは、通商を拡大するためである。経済成長に必要な資源を確保するために、中国は海運業への依存をますます高めている。したがって、マハンのいう「広大な共有地」である外洋への進出が至上命令となる。

これはマハン思想の引き写しにほかならない。マハンは、過去において大国は海上貿易、そして商船隊の増強によって偉大さを達成しえたと説いたのであり、その意味でも中国は〝マハンの弟子〟だといえる。解説の冒頭および本文で述べているように、マハンの説く海上権力論は、戦時の艦隊決戦だけではなく、平時において世界の貿易システムを守るという、より広い任務をも強調していたのである。この点でも、マハンの伝統は一九世紀におけるのと同様、二一世紀においても大いに関連性があるといえよう。

中国のスポークスマンたちは、その戦略を包み隠しなく海外に吹聴している。たとえば二〇〇四年、北京で開催のシンポジウムで、中国側は「強国によって『われわれの外向きの経済』が脅威にさらされないように守るため強力な海上権力をもりたてていく必要がある」とマハン的な発言を行なっているのである。

しかし、何人かのアメリカ人コメンテーターは、中国側ではマハンの『海上権力史論』の説く平和的通商の側面ではなく、そのもっとも戦闘的な一節、タイタニック的な艦隊決戦の条を頻繁に引用している点に懸念を表明している。かつて二〇世紀初頭、露骨にアジア・太平洋への膨張を説いたマハンの教説を、いまや近代強国の中国がアメリカに対抗するためのドクトリンとして使用している、という恐れである。

「制海権」とは、とマハンは書いている。「敵艦隊の旗を駆逐するか、敗走に追いやり、広大な共通の海を支配することにより、敵国の対岸へと通商品を運ぶ海上交通路を閉鎖してしまう、あの圧倒的なパワーである」。事実、アメリカ海軍大学校のある優れた戦略研究者は、中国海軍が、かつての日本帝国海軍と同様、このマハンのロジックに魅了されるあまり、その戦略理論を一面的に誤解・歪曲して、悲劇的な過ちを繰り返すのではないかとすら危惧している。

かつてマハンは中国の「野蛮な」億万人が「襲来」してくるという黄禍思想に脅えていたのであったが、いまやアメリカ海軍は中国の近代艦隊がアメリカの太平洋支配に挑戦するのをみてとるようになったのである。多分に誇張された恐怖にせよ、アメリカの海軍専門家は最近、「マハンの戦闘的な思想が中国の海軍文化にあまりにも強く根を下ろしてしまい、東アジアにおけるアメリカの安全保障上の利益を損ねてしまわないうちに、ワシントンは海軍戦略をめぐって北京と対話を始めることが重要だ」と提案している。もちろん、このような戦略的討議は現在にいたるまでなされていない。

二〇〇九年一二月、権威ある合衆国海軍協会の紀要に掲載された論文「さまようマハンの亡霊」では、マハンの現代的意義について次のように確言している。「一九世紀に、彼がその主力艦と大規模の艦隊行動のドクトリンによって重要であったのと同様、今日でもマハン戦略はその論理と作戦的原理によって関連性《リラヴァンス》をもっている」。そして、アメリカ海軍大学校の校長は、「今年か来年に卒業するクラスに、第二のマハンがいるかもしれない」と学生士官に檄を飛ばしている。かつての校長マハンは、今でも海軍大学校の鑑なのである。

マハンを過小評価する偶像破壊的な大部の伝記を著わしたロバート・シーガーですら、最近の論文（一九九〇年）で「いまでもマハンは有効か？」と問いかけ、力強く「イエス」と答えている。本稿で論じきたったとおり、私も同意見である。[注2]

注1　マハンが中国に及ぼした影響は、その中国語への翻訳によってもうかがい知ることができる。『海権歴史的影響』(*The Influence of Sea Power upon History*)、『美国的利益』(*The Interest of America in Sea Power, Present and Future*)、『亜州的問題』(*The Problem of Asia*)、『欧州的衝突』(*The Interest of America in International Conditions*)。邦訳（五点）に次いで多い。なお、「中国とマハン」に関しては、

毛利亜樹氏（同志社大学法学部）に負うところが多い。

注2　海上自衛隊についてもマハンの教訓は「有効」だろうか？　海上自衛隊幹部学校では、マハンは欠かさず講義項目になっている。その幹部によって『海上権力史論』は二度抄訳が出版されており、未刊行の全訳は幹部学校の教材に使用された。また、研究社版の本書の原本も、同じく同校のテキストに指定された。

もちろん、マハンのいう制海権は、海上自衛隊が海上権力をもたない以上、不可能だが、日米同盟と第七艦隊の存在により確保されている。海上自衛隊がいくつか帝国海軍の伝統を引いているとはいえ、戦前・戦中期に海軍がマハン理論を曲解して惨憺たる結果に終わったことの教訓は十分学んでいるはずである。

海上権力の歴史に及ぼした影響（抜粋）

一八九〇年五月

緒論

海上権力の歴史は、主として国家間の抗争、相互の角逐、しばしば戦争に至る武力行使の記録にほかならない。

海上貿易が各国の富強に甚大な影響を及ぼすことは、国運の発展と隆盛を律する真の原則が発見されるはるか以前から、はっきりと認められていた。各国の為政者は、貿易の利益の圧倒的な分け前を自国民に確保するため、あらゆる努力を払って他国を排斥しようとした。まず平和的手段によって独占もしくは禁止条例を制定し、それが効を奏さないときは直接武力に訴えたのである。

このように貿易の利益の――すべてではないにせよ――大部分を専有し、遠隔の未開拓地域における通商上の利益を先占しようとして競争することから、利害の対立や敵対感情が生じ、戦争を引き起こすことになる。一方、他の原因から起こる戦争においても、制海権を掌握しているか否かによって、戦闘の遂行およびその結果が大きく影響されるのである。したがって、海上権力の歴史は、一国が海上において――もしくは海洋によって――強大な勢力を獲得するうえでのあらゆる要素を包括的に網羅するものであるが、主としてそれは軍事史なのであり、本書においても主に軍事面から海上権力の歴史を論じることにする。

さて、本書で試みるような過去の戦史の研究は、われわれの謬見《びゅうけん》を正し、将来の戦争遂行の腕を磨くために不可欠であり、偉大なる名将たちは戦史研究の必要を唱えてきた。かつてナポレオンは、野心ある将校なら必ず研究すべき課題として、古来の戦役のなかからアレクサンドロス大王、ハンニバル、カエサルの遠征を選び出したことがある。これら三将の時代には、まだ火薬の使用は知られていなかったが、戦争の様相が一変してしまった今日でも、彼らの戦役から学ぶべき事柄がある。

戦闘の状況は、武器の進歩につれて、その多くが時代とともに変わるけれども、歴史を学ぶことによって、一定不変の原理を見出しうるのであり、それは普遍的に応用されるものだから、一般原則の次元にまで高めることができる。これと同じ理由から、過去の海戦史の研究も有益な教訓を与えるであろう。最近五〇年間の科学の進歩と蒸気機関の導入により、海軍の武器に大変革がもたらされたが、それにもかかわらず、戦史の研究は海戦に関する一般

原則を豊富な実例によって解明してくれることであろう。（下略）

第一章　海上権力の諸要素

政治的・社会的見地から海洋を観察すれば、まず最も明白な点は、一大交通路をなすということである。否、むしろ海洋は広大な共用地といってもよく、そこでは人びとはあらゆる方向に通行することができるが、御《ぎょ》しがたい理由のため、自然と特定の進路を頻繁に利用するようになり、それが踏みかためられて通路になる。このようなルートが通商路と呼ばれるものだが、どうしてそれが選定されたのか、その理由は世界史のなかに求めるべきであろう。

海洋には既知、未知のさまざまな危険がひそんでいるけれども、水上の旅行や貨物運搬は陸運よりも容易かつ安価である。オランダが通商の大発展を遂げたのは、単にその海運のためだけではなく、国内の奥地およびドイツの内陸に安価かつ容易に達する無数の水路が縦横しているためである。（中略）

しかし、現代の状況下では、国内の通商は、海に臨む国の通商全体のごく一部分を占めるにすぎない。いやしくも海国たるものは、外国産の必要品や嗜好品を自国または外国の船によって輸入し、それと交換に、自国の天産物や製造品を輸出しなければならないのである。

そして、この海運を自国の船舶で行なうことを、どの国でも望んでいる。貿易のため外洋に出航するこれらの船舶は、帰航できる安全な港を必要とし、また航海中は可能なかぎり自国の保護を受けねばならない。

戦時には、この保護は軍艦によってなされる必要がある。したがって、狭義に解した海軍、つまり艦隊の必要は商船隊の存在とともに発生し、商船隊の消滅とともに消え去るといってよい。ただし、侵略政策をとる国はその例外であり、商船隊の有無と関係なく単に軍事編制の一部をなすものとして艦隊を保持するのだが。

アメリカ合衆国は現在、侵略的意図をもっておらず、またその商船隊も消滅してしまったから、艦隊が徐々に縮小し、国民の関心もきわめて低いのは、至極当然の結果である。もし将来、なんらかの理由で海上貿易がふたたび引き合う日がくるならば、海運業は大々的に再建され、艦隊の復興をうながすことになるであろう。また、中米地峡を横断する運河の開設がほぼ確実視されるに至れば、海外進出の衝動が艦隊の復興をうながすだけ強力になることも、不可能ではない。しかし、はたしてそうなるのか疑わしい。なぜなら、平和を愛し利得に汲々たる国民には先見の明がないが、この先見の明こそ、とりわけ今日、十分な戦備を整えるために必要とされているからである。

商船もしくは軍艦が自国の沿岸から出航するようになると、貿易のためとか避難や補給のために寄泊できる海港を確保する必要がただちに生じる。現時点では世界のいたるところに、わが艦船を友好的に迎えてくれる港があり、平和が続くかぎりそれに依存してよい。しかし、このような状態が昔から続いてきたわけではなく、また合衆国は長らく平和を享受してきたとはいえ、いつまでも平和が続くというわけでもない。

往時においては、貿易船の船員たちは未踏査の新地域にきて通商を求めるにあたり、生命や自由を失う危険を冒して、疑惑や敵意を抱く異民族と交易して利益を得ようとしたのであった。しかも、十分な運賃を収めるうえで、非常な遅滞を耐えしのばねばならなかったのである。したがって彼らは自然に、その通商路の終点に根拠地を――ある場合には力ずくで、ある場合には円滑な手段で――求めるようになった。

この根拠地は、貿易商もしくはその代理商が比較的安全に住みつくことができ、その船が安全に停泊でき、そして自国船の再来までその地方の産物を集積させておくことができる、という利点があった。初期の航海には、巨大な利益と大きな危険がともなったので、このような貿易根拠地は自然に増加・拡大して、ついに植民地に発展したのである。そして、植民地が発達して成功するか否かは、その本国の国民の天分と政策いかんにかかっており、それは世界の歴史とりわけ海上の歴史のきわめて重要な部分を占めている。(中略)

こうして本国はいまや海外の地に足場を作って、自国の商品の販売路を求め、自国の海運業に新しい活動領域を開拓し、自国民に多くの職を与え、本国の富と生活水準を向上させようとしたのである。

しかし、通商路の終点に安全な根拠地を設けるだけでは、貿易の必要条件をすべて満たすことにならない。航路は長くて危険であったし、往々にして敵がたちふさがっていた。植民地建設の最盛期には、今日われわれには想像できないような無法状態が海上を横行し、海洋諸国の間に平和が維持された時代は、ごく稀にしかなかった。

そこで、通商路に沿って喜望峰、セント・ヘレナ、モーリシャスのような中継根拠地を設ける必要が生じたが、その目的は主として貿易上というよりも、防衛上および軍事上のものであった。そのほかジブラルタル、マルタ島、セント・ローレンス港口のルイスバーグのような拠点を有する必要も生じたが、その価値は主として戦略的なものである。要するに、植民地や根拠地は通商的な性格のものもあれば軍事的なものもあるが、ニューヨークのように通商・軍事の両面で同じく重要なものは例外である。

生産、海運、植民地――この三者のなかに、海洋国家の政策およびその歴史を解き明かす鍵が求められる。つまり、生産があれば、生産物を交易する必要が生じ、その交易のために海運が必要になる。また、植民地があれば、海運の操業を容易にして輸送量を拡大させ、また安全な拠点をふやすことで海運業を保護することができるのである。

海洋国家の政策は、時代の精神や支配者の性格および先見の明いかんによって、さまざまに変化してきた。しかし、海洋国家の歴史のほうは、その政府の明敏さとか先見の明とかいうことよりも、その国の地理的な位置や地形、領土の規模、人口の数や特徴――すなわち、ひと言でいえば自然的条件――によって規定されてきた。とはいえ、個々の支配者の行動が賢明であったか不賢明であったかによって、ある時代の海上権力の発展が大きく影響を受けたことは認めねばならないが、この点については後述するであろう。

ここでいう海上権力とは、単に武力によって海洋――もしくはその一部分――を支配する艦隊の勢力のみにかぎらず、こうした艦隊がおのずから生まれ、健全に成長するために不可欠な母胎になり、その確固たる支えになる平和的貿易・海運をも含む、広義での海上権力のことである。

諸国家の海上権力を左右する主要な条件として、次の諸要素を挙げることができよう。㈠地理的位置。㈡地勢的形態――これと関連して天然の産物と気候をも含む。㈢領土の規模。㈣人口。㈤国民性。㈥政府の性格――国家の諸制度を含む。

㈠　地理的位置――この点に関して、まず第一に次のことが指摘できよう。すなわち、一国が陸上で自衛手段を講じる必要もなく、また自らの領土を陸続きに拡張する誘惑にも駆られないような位置にある場合には、その〔進出の〕目標をもっぱら海上に求めることができるので、大陸国と境界を接する国よりも有利な地歩を占めている。この点において、イギリスはフランスやオランダよりも海洋国家として有利な位置にある。（中略）また地理的位置いかんによって、おのずから海軍部隊の集中が助長されたり、その分散を余儀なくされたり

する。この点でも、イギリスはフランスよりも有利な位置を占めている。（中略）

一国の地理的位置は、単にその海軍部隊の集結を容易にするにとどまらず、その仮想敵国に対して敵対行為に出る際に中枢的な軍事拠点や好個の策源地を提供するという戦略的利点をもたらすことがある。この点に関しても、イギリスがその適例である。（中略）

もし一国が、攻勢に出るのに便利であるうえに、容易に外洋に出ることができ、さらに世界の大通商路の一つを支配できるような地理的位置に恵まれているときは、その位置の戦略的価値が、きわめて高いことは明らかである。このような位置に現在イギリスは置かれており、過去においてはなおさらそうであった。（中略）

ところで、中米運河との関連で合衆国がどのような地理的位置にあるのか、ここで論評しておこう。もしこの運河が開通し、その建設者の希望が満たされることになれば、現在では単に通商路の終点にすぎず、局地的な貿易の場、あるいはせいぜいのところ断続的で不完全な航路でしかないカリブ海は、一変して世界の大通路の一つとなるであろう。

この大通路に沿って巨大な貿易が行なわれるようになると、世界の諸大国とりわけヨーロッパ列強の利害が、わが国の沿岸一帯に従来よりもはるかに接近してくることであろう。その場合、わが国はこれまでのように国際的紛争を避けて超然たる態度を保っていくのが困難になる。この新貿易路に対して合衆国が占める位置は、英仏海峡に対してイギリスが、またスエズ地峡に対して地中海諸国がそれぞれ占める位置に類似したものであろう。

中米の通路に対する勢力および支配がどの国に帰するかといえば、それは地理的位置に依存するのだから、国力の中枢すなわち「永久策源地」*をどの大国よりも近くに有する国〔アメリカ〕にそれが帰することは、もとより明白である。カリブ海の島もしくは沿岸の地で諸外国がいかに強固な地歩を占めようとも、それはしょせん、彼らの勢力の前哨地点にすぎないであろう。

＊「永久策源地」とは、「すべての〔戦争〕資源を提供し、水陸の大交通路が接合し、兵器庫と軍隊駐留地を備えた地域」をさす。

一方、合衆国は軍事力に必要なすべての資源をどの国よりも豊富にもっている。しかし、合衆国は誰の目にも明らかなように戦備が整っていないので、その兵力は弱い。さらに、メキシコ湾沿岸地方の地形がかんばしくないため、海上の抗争の場に地理的に接近してはいても、その戦略的価値は幾分減じられている。すなわち、同沿岸地方は、敵艦の攻撃から安全で、一級の軍艦を修理できる施設をもつ良港に乏しく、しかも一級の軍艦なしには、どの国といえども海上を部分的に支配することすら望めないのである。（中略）

さらにそのうえ、中米地峡と合衆国との距離は、諸外国に比べて近いとはいえ、なお相当遠いので、合衆国は作戦上の予備もしくは補助基地として適当な根拠地をカリブ海に獲得することが必要になろう。このような根拠地は地理的利点を有し、防御しやすく、また主要な作戦舞台に近接しているので、合衆国の艦隊を敵艦隊と同じほど戦闘海域の近くに配置することが可能になるであろう。
　こうして合衆国はミシシッピ河口の出入口を十分に保護し、カリブ海に前進基地を保持し、これと本国基地との連絡交通を確保することができる。要するに、それは戦備を整えることにほかならず、そのために必要な手段は合衆国の掌中にあるのだ。このような準備が完整すれば、カリブ海における覇権を合衆国が握るに至ることは、その地理的位置と国力からしても絶対確実である。

㈡　地勢的形態――前段で言及したメキシコ湾沿岸の特異性は、むしろ一国の地勢的形態の項目に含めるのが妥当であるので、海上権力の発展を左右する第二の条件として、次にそれを論じてみよう。
　一国の海岸はその国境の一つをなす。この境界線の彼方に横たわる領域――この場合には大洋――に進出していくのが容易であればあるほど、その国民が外国と海上貿易を行なう傾向が強まる。もし一国が長い海岸線を有していても、港湾が一つもなければ、その国には海上貿易も海運も海軍も発達しないであろう。（中略）
　一国民を海洋的発展に向かわせたり、海洋に背を向けさせたりする要因として、その海岸の形状（海洋に容易に到達できる地形を含む）以外の地理的条件がある。たとえば、フランスは英仏海峡に面する沿岸に軍港が乏しいけれども、大西洋や地中海その他の沿岸に多くの良港があり、外国貿易に便宜を与えている。また、これらの港は大河の河口にあるので、国内通商を促進するうえでも好都合である。

しかし、リシュリューがその内乱に終止符を打ったのちも、フランス人はイギリス人やオランダ人のように熱心かつ盛大に外洋に乗り出していくことはなかった。その主な理由はフランスの地理的条件に求められよう。すなわち、フランスには気候温和で快適な土地があり、国内の産物で自国民の需要を十二分に満たしうるのである。

これに反して、イギリスは自然の恩沢に乏しく、その製造業が発達するようになるまでは、輸出品も僅少であった。イギリス人が諸資源を欠いていたことは、その精力的な活動力や、海上進出の気運をうながす他の諸条件とあいまって、彼らを海外の新天地へと駆りたてたのである。そこで彼らが発見したものは、本国よりも快適で豊饒な土地であった。イギリス人はその必要と天分とによって、商人や植民地開拓者、製造業者や生産者になったのである。（中略）

フランスは領土が広く、気候が温和で、土地が肥沃である結果、その海上権力がどのような影響を受けたかは、前述のとおりであるが、合衆国においても同様の現象が再現していることは、われわれアメリカ人の注目をひく。まず最初にわれわれの父祖たちが植民した〔大西洋〕沿岸の細長い地帯は、ほとんど未開拓だが肥沃な土地が散在しており、港湾に富み、また好個の漁場も近くにあった。こうして天然の条件と生得の海への愛着心（アメリカ人が祖先のイギリス人から受け継ぎ、いまなお旺盛である）とが結びついて、堅固な海上権力の基礎となるべき気運や活動を支えたのであった。

最初の一三植民地のほとんどが海岸もしくは大河の河口に位置しており、これら植民地の輸出入はすべて〔大西洋の〕海岸に集中した。海洋への関心と、海洋が公共の福利に占める重要性の認識は、広く一般にゆきわたっていた。同時に、公共の福利よりも強力な誘因、つまり私的な営利心も同時に海洋への関心を高めさせた。なぜなら、これら植民地は造船の材料や船用需品に富み、しかも他に投資の対象が比較的乏しかったので、海運業は利潤の大きい民間事業だったからである。

その後いかに情勢が変化したかは、周知のとおりである。現在では、国力の中心はもはや海岸地方にはない。内陸のめざましい発展や未開発の富源について、書物や新聞は競って書きたてている。資本が最上の投資市場を求めうるのは内陸においてであり、労働者はそこに最大の雇用の機会を見出すのである。〔沿海〕フロンティア地方は等閑視され、その政治勢力も弱まっている。この現象はメキシコ湾および太平洋沿岸地方においてとりわけ顕著だが、中部のミシシッピ流域地方に比較してみると、大西洋岸についてもある程度同様のことがいえる。

将来、海運業がふたたび引き合う日がくれば、また沿海フロンティアの三地方が軍事的に脆弱であるうえに、また海運業を欠くがゆえに貧しくなったことが痛感される日がくれば——そのときになれば、これらの地方は力を合わせて、わが国の海上権力の基礎を再建することになるであろう。その日がくるまでは合衆国も、かつてフランスが海上権力を欠くため国運の進展を制限されたのと同じ運命を歩むことであろう。このフランスの事例を知る者は、アメリカもまた同様に内地のありあまる富源に心を奪われて、国策の一大手段たる海軍を等閑視している現状を嘆くであろう。（中略）

ところで合衆国は、アラスカを除いては遠隔の地に領土をもたず、また陸路を通って達することのできない領土を一寸たりとももっていない。その地形線は、海上に突出する部分がほとんどないので、敵の攻撃にとりわけ脆弱な地点はない。また、水運によれば安価に、鉄道によれば迅速に兵力を国境線の要所に到達させることができる。そして、防御が一番弱い太平洋岸は、最も危険な仮想敵国から遠くへだたっている。国内の資源は、現在の需要量からみてほとんど無尽蔵にあるから、われわれは――フランスの一将校が筆者に語った言葉を用いると――「わが小天地」にとじこもり、自らの資源だけでいつまでも暮らしていくことができる。

しかし、一朝この〝小天地〟が、中米地峡を貫く新通商路を通じて外敵の侵略をこうむるならば、今度はアメリカ人もまた、その迷夢から荒々しくめざめさせられるであろう。あらゆる国に共通の天賦権、すなわち海洋〔への発展〕を放棄してしまった輩は、ここに至ってその誤りを悟ることであろう。

㈢　領土の規模――海洋国家としての一国の発展を左右する条件のうち、その国民ではなく国土に関するものとして、最後に領土の規模があげられる。それは比較的手短かに片づけてよい。一国の海上権力の伸展に関して考究すべきことは、その国の総面積ではなくて、海岸線の長さと港湾の特徴である。地理的・自然的条件を一定の与件とみなした場合、海岸線の長さは、人口の大小によって強みにもなれば弱みにもなる。この点からみれば、一国は城砦のようなもので、その守備隊の兵数は城砦の周囲の長さに比例していなければならない。

（中略）

㈣　人口――以上、海上権力の伸展を左右する一国の自然的条件を考究してきたが、次にその国民に要求される特性を検討しなければならない。人口の多寡は、前段に述べた領土の規模と関係してくるので、まず第一にそれを取りあげよう。

海上権力との関連で、領土が単に面積の問題にとどまらず、海岸線の長さと特徴が重要になることは前述したが、それと同様に人口も単にその総数ではなく、海員生活を営む者の数、あるいは少なくとも有事の際にはただちに船に乗り組んだり、船用需品の生産に従事したりできる人員が大切になるのである。（中略）

かつてオランダの大政治家ウィット（一七世紀、商人勢力を背景にオランダ共和国の事実上の支配者になった）は次のように記したことがある。「オランダ人は、平時において戦乱を恐れるがゆえに断固これに備える手段を、金銭上の損失を招いてまでも講じることはけっしてしない。オランダ人の国民性からしても、彼らは危険が眼前に迫らないことには、自国の防衛のために金を投じようとしないのである。余は、まさに倹約すべきところで浪費し、支出すべきところで貪欲なまでに吝嗇な国民を率いていかねばならないのだ」。

わが国にもこれと同じ非難があてはまることは、誰の目にも明らかである。いったん緩急の際は、合衆国はその予備力を結集できるまで時をかせごうにも、楯になるべき防御力を欠いている。緊急のときに、わが国の急務に応じるだけの海員人口は、いったいどこにいるというのか？　わが国の海岸線と総人口とに釣り合うだけの海員を確保しようとすれば、それは商船業および関連業界の人員に求めるほかないが、これらの人員は現在ほとんど存在しないのである。（中略）

以上、人口に関する論述がやや散漫になったが、ここで次の諸点を確認しておこう。すなわち、海運に関連した職業に従事する人口の多いことは、古今を通じて海上権力の重要な要素であるということ。しかし、合衆国はこの要素を欠いていること。そして、海上権力の基礎を築くには、わが国旗のもとに行なわれる貿易の振興によるほかないということ――。

㈤　国民性――次に、一国の国民性および適性が海上権力に及ぼす影響について考えてみよう。

もし海上権力が真に平和的通商の拡張に基礎を置くものであるとすれば、通商への適性こそ、過去において偉大な海洋的発展を遂げた諸国民の特性でなければならない。この命題がほとんど例外なしに正しいことは歴史が証明している。ただ古代ローマを除いては、顕著な例外はみられない。

人間は誰でも利益を求め金銭を欲するものである。しかし、その利益を追求する方法は、一国の通商の運命やその国民の歴史に著しい影響を及ぼすのである。（中略）

イギリス人もオランダ人も、ともに「小売商人の国」と称されてきた。しかし、この侮蔑的な寸評は、それがあたっているかぎりにおいて、むしろイギリス人やオランダ人の賢明さと実直さをほめたたえるものである。彼らはその大胆さや冒険心や忍耐強さにかけては、けっして〔スペイン人に〕ひけをとらない。否、むしろスペイン人よりも忍耐に富むといえよう。なぜなら、彼らは富を求める手段として、一見早道と思われる剣の力ではなく、最も迂遠な道である生産活動を選んだからである。「小売商人の国」という仇名の意味するのは、まさにこのことである。

しかし、もともと同一人種であるイギリス人とオランダ人は、前述の諸点のほかにさまざまな重要な性格をもち、これらの性格が四囲の状況とあいまって、彼らの海洋的発展を助長したのである。すなわち、彼らは天成の実業家であり、商人であり、生産者であり、商議者であるのだ。したがって、彼らは本国においても海外にあっても、また文明国、野蛮国、あるいは自国の建設した植民地のいずれに住み着くことになっても、その土地のあらゆる資源を採取し、開発し、増加させようと努めた。

彼らは生まれつきの商人——お望みなら、「小売商人」といおう——の機敏な才能を発揮して、交換すべき新しい物品を間断なく探求しつづけた。この探求が、何世代にもわたる努力によってはぐくまれた勤勉な気質と結びついた結果、自然に彼らは生産者として成功をおさめるに至った。

本国においては彼らは大製造家になり、彼らが支配する海外領土においては土地はますます富み、産物は幾倍にもふえ、そして本国と植民地との間に必要な交易は、さらに多くの船舶を必要とするようになった。こうして彼らの海運業は、通商の要請につれて拡大していった。貿易事業に彼らほど素質のない〔ヨーロッパ〕諸国は——フランスのような大国ですら——英蘭二国の船舶業とその植民地の産物を必要とするようになった。このようにさまざまな方法によって、彼らは海上権力を掌握したのである。（中略）

通商——それは必然的に貿易品の生産をも意味する——を拡大しようとする志向は、海上権力の発展のうえで最も重要な国民的特性である。一国民がこの特性と良好な海岸帯を有するならば、海上の危険やその恐怖のために、海洋貿易による富の追求を思いとどまるなどとは、とうてい考えられない。一方、貿易以外の手段によって富を求めようとする場合、その目的を達することはありえても、必ずしも海上権力を掌握するには至らないであろう。

フランスの事例をとってみよう。フランスは快適な国土と勤勉な国民と非常に有利な地理的状況に恵まれている。かつてフランス海軍には栄華を誇る黄金時代があったし、それは最も低調なときですらフランスの軍事的名声を汚したことはない。しかし、海上貿易の広汎な基盤をもつ海洋国家という観点からみると、フランスは他の歴史的な海洋諸国と比べて単に見劣りのしない程度の地位にとどまり、第一級の海洋国になったことはない。その主たる理由は、国民性の点から論じると、富を追求する手段にあった。

スペイン人やポルトガル人は地下から金を採掘して一攫千金を得ようと狙ったが、フランス人はその気質上、節倹、倹約、貯蓄によって富を築こうとする。「財産を保つのは、それを築くよりもむずかしい」といわれるが、そうなのかもしれない。しかし、現有の財産を賭けることで、さらに大きな財産を手に入れようとする冒険的気質は、貿易のために世界を征服するという冒険的精神と多分に共通するところがある。いたずらに節約して貯蓄する一方、小心で小刻みにしか危険を冒さないときには、小規模の富を多くの人びとの間に分散させうるかもしれないが、あらゆる危険を冒して外国貿易や海運を大々的に発展させるところまでには至らないのである。（中略）

いま一つ別の点で、国民性は最も広義での海上権力の伸展に影響を及ぼす。すなわち、一国民が健全な植民地を創設する能力が、ここで問題になるのである。植民地建設は、一般自然界における成長と同様に、それが最も自然に進むときに最も健全な成長を遂げる、ということができる。したがって、すべての移住民を駆りたてる欲求と自発的な衝動から生じた植民地が、最も堅固な基礎をもつのである。そして、もし植民地の住民に独自の行動を起こす能力があるならば、彼らが本国から拘束される度合いが最も少ないときに、その植民地の将来の成長は最も確実になるであろう。

過去三〇〇年間にわたって、人びとは植民地が本国の製品のはけ口、貿易や海運の促進剤として、いかに価値をもつかを痛感してきた。しかし、植民地建設の企ては、すべて同一の起源から発したものではなく、また種々様々の植民地制度が皆一様に成功したわけでもない。政治家がいかに先見の明に富み細心であろうとも、人びとの間に自発的で強力な衝動がないときは、これを政治家の努力によって埋め合わせることはできなかった。また、自力発展の芽生えがその国民性のなかに認められるときは、本国政府はいたずらに微細にわたる規定を設けるよりも、むしろ適宜に放任しておく方が、望ましい結果をもたらすことになる。

(中略)

貿易と海上権力に大きな影響を及ぼす植民地建設の成否は、本質的にその国の国民性にかかっている。なぜなら、植民地は自力で自然に発展するときに最も健やかに成長するからである。本国政府の介入や監督ではなく植民地住民の性格が、植民地の成長の動因なのである。(中略)

イギリスが大植民地帝国としてユニークで目をみはらせる成功を遂げたという事実は、ここに強調するまでもなく明白である。この成功の理由は、主としてその国民性の二つの特徴にあるように思われる。すなわち、イギリスの植民地開拓者たちは自然かつ容易に自分たちの新しい土地に定着し、それと利害をともにするようになり、本国への愛着心や記憶をまったく捨て去るわけではないが、常に帰国を切望しているというようなことはない。第二に、イギリス人は植民地に到着するや、本能的にさまざまな資源を幅広く開発する。

第一の点に関しては、イギリス人はフランス人と異なっており、後者はその快適な故国の楽しい思い出にふけり、いつまでも望郷の念に駆られつづけるのである。第二の点はスペイン人と違っており、スペイン人はその関心と野心の範囲がせまいため、新しい土地のさまざまな可能性を最大限に引き出そうとはしないのである。（中略）

国民性に関するこの項目の考究を終わる前に、次の問いを発しておくのがよかろう。もし他の状況が有利であれば、アメリカ人は偉大な海上権力を発展させるのに、どの程度その国民性が適しているのであろうか？

もし合衆国の立法的障害が撤去され、利益の大きい諸企業が活況を呈するようになれば、海上権力は遠くない将来に勃興するであろう。このことを証明するには、比較的新しい過去を引き合いに出すだけで十分と思われる。貿易の天分、利潤追求の大胆な企業心、利益に通じる道を発見する鋭い直覚――これらの条件はすべてアメリカ人に備わっている。したがって、もし将来われわれを植民地建設に誘《いざな》う地域があれば、アメリカ人は祖先から受け継いだ自治能力と自立的発展の才能をひっさげて、その土地に赴くであろうことは疑うべくもない。

㈥　政府の性格――一国の政府ならびに諸制度が、その国の海上権力の発展に及ぼす影響を論じるにあたり、過度の哲学的論議を排し、あまりにも深遠かつ究極的な原因にまで掘り下げることを避けて、われわれの考究を明白かつ直接的な要因のみに限定する必要があろう。

とはいえ、特定の政府形態およびそれにともなう諸制度、さらにその時代の支配者の性格が、海上権力の発展にきわめて顕著な影響を及ぼしてきたことは、注目しなければなるまい。(中略)

一国の統治が、その国民の先天的な性向に完全に適合しているときは、あらゆる点で国民の発展を最も成功裡に導くことができる。海上権力の伸展においても、最も輝かしい成功をおさめた時期は、その政府が国民の精神を十分に吸収し、一般の性向を意識して聡明な指導を行なったときであった。このような政体は、国民全体もしくはその最良の代表者の意思が政府の方針に相当大幅に反映される場合には、たしかに存在する。だが同時に、こうした自由政体のもとでは、ときとして海上権力が十分に発展しえないことがあった。

これに反して、専制君主が思慮分別と一貫性をもって権力をふるう場合、自由な国民の遅鈍な政治過程によるよりも直接かつ迅速に、大貿易と見事な海軍を勃興させることができた先例がいくつかある。ただ、独裁専制のときに問題になるのは、特定の君主の死後その政策を持続することが困難になる、ということである。

近代の諸列強のうちで海上権力が最高に発達したのはイギリスであるから、まず第一にイギリス政府の行動を観察しなければならない。その行動は、ときとして感心しないものもあったが、全般的にみて首尾一貫した方針を通してきた。つまり、海上の支配を不変の目的として追求してきたのである。（中略）

このように一定の政策路線を間断なく固持することが、歴代のイギリス政府にとって容易になった理由として、イギリスの〔地理的〕状況の明白な要請ということが、まず指摘される。つまり、イギリスが単一の目標の達成に専念できたのは、ある程度その状況のしからしめたものといえよう。

しかしながら、イギリスが海上権力を堅固に維持し、傍若無人にもその威力を発揮させる決意を固め、賢明にも艦隊の戦闘準備を整えていたのは、むしろその政治制度によるところが大きい。当時、イギリスの統治権を事実上握っていたのは、土地所有の貴族階級であった。このような貴族階級は、他の点でいろいろ欠点があるにせよ、健全な政治的伝統をすんで担い保持しようとする。また、当然ながら彼らは自国の栄光を誇りとしており、その栄光を維持するため一般国民が苦痛をこうむることには、比較的無頓着である。

彼らは、戦争の準備および継続に必要な財政的負担を躊躇なく国民に課す。しかも、彼ら自身は富裕な階級であるので、この負担の苦痛をそれほど感じない。さらに、彼らは商人ではないから、自分たちの財産が〔戦争によって〕直接危険にさらされることもなく、したがって自らの財産や事業が実際に脅かされる人びとの示す政治的臆病——諺にいう「資本の臆病」——にも不感症である。
しかし、イギリスではこの貴族階級は、良かれ悪しかれ自国の貿易に影響を与える問題には敏感であった。議会の両院は相競って貿易の拡大と保護に目を光らせたが、海軍の運営について行政権が強化されるに至ったのは、両院での質問や査問が頻繁になったからだ、とある海軍史家は説明している。(中略)
さて、一八一五年以降、とりわけ最近になると、イギリスの統治権は以前よりもはるかに一般国民の手中に移っている。その結果、イギリスの海上権力が不利な影響を受けるかどうかは、将来のみが答えうる問題である。しかし、海上権力の広汎な基盤は、依然としてなお大規模な貿易、機械工業および広大な植民地制度にある。はたして民主政府は、よく将来を洞察し、自国の地位と信用に対して鋭い感覚を保ち、十分な〔戦備の〕経費を平時に支出し、もって国運の隆盛を保障する意志——これらはすべて軍備完整のための必要条件であるが——をもっているであろうか? まだそれは未解決の問題である。
けだし民主政府は、軍事歳出がどれほど必要であろうとも、その支出を好まないのが常であり、現にイギリスは列国に遅れをとりそうな兆候を示している。(中略)
さて、過去の歴史から導き出される個々の教訓の問題から目を転じ、政府がその国民の海洋的発展に及ぼす影響力という一般的問題を取りあげよう。この影響力が、二つの異なった、しかし密接に関連した形で作用しうることが、まず注目される。

第一、平時――政府はその政策によって、国民の産業の自然な発展と、海上に冒険や利益を求めようとする傾向とを助長することができる。あるいはまた、このような産業や海洋的志向がもともと存在しないときには、政府はその振興・育成をはかろうと試みることができる。これに反して、もし国民のなすがままに放任しておけば自然に発達するのに、政府が誤った措置を講じたために、その発達が阻害・抑制されてしまうことはありうる。以上いずれの場合にも、政府の政策は平和的通商に影響を与えるのであり、その影響力は一国の海上権力を興隆させることもできれば、これを損なうこともできるのである。そして、通商こそ真に強力な海軍の基礎であることは、いくら強調してもたりない。

第二、戦備――政府の影響力が最も正規な形で現われるのは、一国の海運の発展と関連事業の重要度に応じた規模の海軍力を保持する努力においてである。海軍力の規模よりもさらに重要なのは、その組織・制度の問題である。すなわち、頑健な精神と活動力を鼓舞し、十分な人員と船舶の予備をもち、さらに一般の予備力（前段で国民の性格と職業とを考察した際に言及した）を動員する手段が設けてあり、いったん戦端が開かれるや迅速に兵員を拡大できるような海軍制度――これが大切なのである。

明らかに、この第二項目である戦備のなかに、適当な海軍根拠地の保有を含めるべきであろう。そして海軍根拠地は、無防備の商船を保護するために軍艦を派遣する必要のある遠隔の地に設けなければならない。これらの根拠地を防御するには、ジブラルタルやマルタ島におけるように直接兵力に頼るか、あるいは往時のアメリカ植民地や——おそらく——今日のオーストラリア植民地とイギリスとの関係のように、四囲の友好的住民の援助をたのまねばならない。

このような友好的援助に加えて相応の兵力の準備があれば、最善の防御になり、さらにそのうえ圧倒的な海上覇権を掌握しておれば、大英帝国のように広大で分散した帝国でも安全を保障しうるのである。なぜなら、敵の奇襲によって特定の一地方が惨事に見舞われることがあっても、海軍力が現実に優勢であれば、局地的惨事が全局にひろがったり、戦局が挽回不可能になったりするのを食い止めることができるからである。歴史はこのことを十分に立証している。

イギリスの場合、海軍根拠地が世界いたるところに散在しているけれども、イギリス艦隊はそれらを同時に防護し、その間の交通連絡を保ち、また根拠地に避難所を求めてきたのである。

したがって、本国に帰属感を抱く植民地は、一国の海上権力を海外で維持するための最も確実な手段になるのである。平時においては、政府は力を尽くして植民地との間に愛着の絆を強め、利害の一致をはかり、植民地の人びとに本国と安危休戚をともにさせるよう、その影響力を行使しなければならない。そして、戦時において、あるいはむしろ戦時に対する準備としては、政府はその負担ならびに利益が各植民地と本国との間に公平に配分されていると納得させるような兵力の編制および防備の措置を講じなければならない。

合衆国はこのような植民地をもっていないし、またそれを領有する見込みもない。純軍事的な海軍根拠地に対するわが国民の感情を的確に表現するには、約一〇〇年前にイギリス海軍史を著わした一史家がジブラルタルやマオン港（地中海西部、当時イギリス占領下にあったメノルカ島の港町）について述べた次の言葉を引用するのがよかろう。「軍政は商業国民の営みと相いれず、イギリス国民の特性に反することははなはだしいので、識者やあらゆる政党の人びとが、かつてタンジールを放棄したように軍政を放棄しようとするのも、別に驚くにはあたらない」。

しかも、合衆国は海外に植民地や軍事根拠地を全然もっていないから、戦時においてその軍艦は陸棲の鳥のようなもので、自国の沿岸から離れて遠く飛翔することはできないであろう。それゆえ、軍艦のための石炭積入れや船体修理のできる根拠地を設けることは、国民の海上権力を伸展させようと企てる政府が果たすべき、まず最初の義務であろう。

本研究の実践的な目的は、わが国およびその任務に適用できる結論を歴史の教訓から導き出すことにあるのだから、ここで、合衆国の置かれた状況がいかに重大な危険をはらんでいるかを探究し、その海上権力を再建するための行動を政府に要請するのが妥当であろう。

南北戦争以来今日に至るまで、政府が努力し効果をあげた行動は、海上権力を構成する連鎖の第一環と呼ばれるものの形成を、その唯一の目標としていた、といっても過言ではない。すなわち、内陸の発展、巨大な生産、そしてそれにともなう自給自足の追求とその誇らかな達成――これらがその目標であり、それはある程度の成果をあげてきた。以上の点については、政府はわが国の支配的分子の意向を忠実に反映してきた（ただ、合衆国のように自由な国においてすら、こうした支配的分子が真に国民の意思を代表するとは、必ずしも考えられないのだが）。

いずれにせよ、合衆国は〔第三の環である〕植民地をもたないうえに、平和的な海運とその関連諸事業という中間の〔第二の〕環をも現在欠いていることは、疑うべくもない事実である。約言すれば、合衆国は三つの連鎖のうち、ただ一環だけしかもっていないのである。

（中略）

明らかに重要課題は、たとえ遠隔の諸外国を進攻する能力がアメリカになくても、少なくとも自国への主たる接近路を敵襲に対して安全に保ちうるだけの海軍力をわが国民のために建設するよう政府の影響力を行使する、ということである。過去四半世紀の間、わが国民の目は海洋を離れ、もっぱら内陸の発展に注がれてきたが、このような政策とその反対の政策がどれほど違った結果になっていただろうかは、フランスとイギリスの事例を比較考量すれば歴然として明らかであろう。

ここで合衆国の状況と英仏二国の事例との間に厳密な類比を求めるわけではないが、わが国の通商貿易の状態がなるべく外部の戦争によって影響を受けないようにすることが、わが国全体の福利のためにきわめて肝要であると断言してよかろう。この目的のためには、敵をわが港湾の外で食い止めるだけではなく、わが国の海岸から敵勢力をはるかに遠ざけておかねばならない。

このような海軍は、商船業の復興をはかることなしに建設できるであろうか？　その可能性は疑わしい。歴史に徴すると、かつてルイ一四世がなし遂げたように、純軍事的な海上権力ならば専制君主の手で建設しうることが立証されている。しかし、経験の示すところによれば、このような海軍は外見上りっぱであっても、根のない草木と同様すぐに枯れはててしまうのである。

ところが、代議政治においては、軍費を支出するには、その必要を確信し、強力な代表を有する利害関係者の支持がなければならない。しかし、海上権力を後援するこのような勢力は、わが国にはないし、政府の積極的な企図なしにはそれは存在しえない。

いかにしてこのような商船業を建設すべきか――〔政府の〕補助金を出すことによってか、それとも自由貿易に放任することによってか？　常に強壮剤を服用させることによってか、あるいは外気にさらして自由に活動させることによってか？

これらの問題は、軍事問題ではなく経済問題である。かりに合衆国が強大な海運業をもっているとしても、それに続いて十分な海軍が勃興するかどうかは疑わしい。合衆国を他の強国からへだてている距離は、一方ではわれわれを守ってくれる楯になっているが、他方では危険な陥穽になっている。合衆国に海軍の建造をうながす動因があるとすれば、それはいままさに中米運河の建設をめぐって活発化している。運河実現の日が遅きに失することのないよう切望したい。

以上で、諸国の海上権力の伸長を助けたり妨げたりする主要な諸要素の一般的考究を終わることにする。

筆者の目的は、まず第一に、これらの諸要素が自然に作用したとき、海上権力の発展に有利か不利かを考え、次に個々の事例や過去の経験によってそれを説明することにあった。たしかに、このような論考はさらに広汎な分野にわたるけれども、主として戦略（戦術ではない）の領域に属する。ここで取りあげた考察や諸原則は万物の不変の理法であり、その因果関係は古今を通じて常に同じである。つまり、これら戦略原則は、いわばその不変性が今日喧伝されているところの「自然の秩序」に属するのである。

これに反して、戦術は人造の武器を手段に用いるので、人類の変遷や進歩につれ時代とともに変化するものであり、ときとして、戦術上の理論を修正したり、あるいは全面的に改編したりする必要が生じる。しかしながら、古来の戦略の基礎は、あたかも岩石の上に築かれたかのように、今日に至るまで厳存しているのである。

以下、広義の海上権力が欧米の歴史とその国民の福利に及ぼした影響にとりわけ注意しながら、欧米の歴史を全般的に検討してみよう。必要に応じて、すでに導き出した一般的教訓を個々の実例によって反復し強化することが、その目的となる。したがって、本研究の趣意は広義での海軍戦略にある。すなわち、「海軍戦略は、平時・戦時ともに一国の海上権力を建設、維持、拡大することを目的とする」という、前段に引用し採用した定義に即して海軍戦略を研究しようというのである。

個々の戦闘についてみれば、〔戦術の〕細部が今日では一変してしまったので、過去の事例から導き出される教訓の多くが、すでに時代遅れになっていることを認めるにやぶさかではないが、しかし真の一般原則を適用するか、それともそれを無視するかによって決定的な結果がもたらされたケースを指摘するよう試みたい。そして、他の条件が同一の場合、最も卓越した名将の名前と結びついた戦闘を特に選び出したのは、ある特定の時代および戦役において、適正な戦術思想がどの程度に採用されていたかをよく示している、と思われたからである。また古今の武器が表面上類似している場合にも、その類似点を過大視することなしに、そこから帰納しうる教訓を求めるのが望ましいであろう。

最後に銘記すべきは、万物の変化のなかにあって、人間性はだいたい不変であるということである。個人誤差は、個々の場合において量的にも質的にも変わりやすいが、それはいつでも必ず発見できるものである。

合衆国海外に目を転ず

一八九〇年八月

アメリカ国民が海外の世界との関係について抱いている思想や政策に、いまにも変化が生じようとしている兆候が少なからずみられる。過去四半世紀の間、アメリカで支配的な理念は、自国の産業発展のために国内市場を保護するということであり、それは選挙のたびに強力に主張され、政府の方針となった。雇用者も労働者も、上のような観点からさまざまな経済対策を支持し、外国製品の侵入の助けになる措置を敵視するよう、しむけられてきた。さらに彼らは、消費者を保護貿易政策に縛りつけている鎖をゆるめるのに賛成するどころか、むしろ外国製品を駆逐する措置をますます厳重にすることを要求するようになっている。

その必然的な結果として――人の心や目がもっぱら一方に集中されるときには常にそうだが――他方における利害得失が看過されることになった。わが国は豊富な資源によって輸出量を高い水準に保ってきたが、この好成績も、実は、保護政策下におけるわが国の製品に対して諸外国からの需要が高いからというよりは、むしろわが国土の自然の惜しみなき恩恵のためなのである。

こうしてアメリカ産業は、ほとんど一世代にわたって保護されてきたので、その結果、保護政策はおのずから国是のような力をもち、保守主義という鎧で身を固めるに至ったのである。保護された産業は、重装甲されてはいるがエンジンの出力と大砲の火力の点で劣っている近代甲鉄艦の性能と似ている。つまり、防御には強くても、攻撃に弱いのである。自国では国内市場が確保されているが、大洋の彼方には世界の各地に市場が散在し、そこに進出していき海外市場を制するためには、激しい競争を挑むしかない。ところが、この競争力は、保護立法に頼るという習癖によって助成されるものではない。

しかし実際のところ、アメリカ国民の気質は、このように活気のない姿勢とは本質的に相いれぬものである。したがって、海外で利益をおさめる好機が到来したと悟るときには、アメリカ人の企業心の赴くところ、その機をとらえ利益に到達すべき径路を切り開いていくであろう。このことは、保護政策に対して賛否いずれの立場をとるにせよ、確信をもって予言できる。

大局的にみれば、保護政策の有力かつ著名な主唱者、保護政策の支持を公約している政党（共和党）の指導者、時代の兆候や世論の動向を鋭く看取する慧眼の士〔ジェイムズ・〕ブレイン氏が、合衆国の貿易を全世界に拡張するためには関税率の改正もあえて行なおうという政策路線に共鳴するに至ったことは、きわめて歓迎すべき重要な事実である。諸派の人びとは、最近の演説で同氏が述べたといわれる次の言葉にともども賛同するであろう。「わが国のように偉大な国において、われわれが消費しうるだけのものを製造し、食べつくしうるだけの食糧を生産する運命にとどまるというのでは、あまりにも覇気のない話である」。

彼ほど鋭敏で有能な公人のこの発言に対比すると、最近の関税立法（一八九〇年一〇月制定のマッキンレー関税法。平均関税率を引き上げた）の極端な性格ですら、きたるべき変化の一兆候にすぎないように思われる。そして、わが国の保護政策と似たものとして、あの有名な大陸封鎖が想起される。ナポレオンは、この大陸封鎖を維持するため大軍に大軍を加え、冒険政策に冒険政策を重ね、その結果ついに彼の帝国の構造自体がその負担に耐えかねて瓦解したのであった。

このような〔アメリカ国民の対外〕態度の変化にみられる興味深い重要な特徴は、わが国の安寧を求めるうえで、目を国内だけにかぎらず広く海外にも向けているということである。遠隔の地にある市場が重要であり、それがアメリカ自身の巨大な生産力に関係してくると認めることは、論理的にいうと、製品と市場とを連結する鎖、つまり運輸業の重要さをも認めることを意味する。この三者が結びついて、海上権力という連鎖を構成するのであり、大英帝国の富と偉大さも、まさにこの海上権力にかかっているのである。さらに、この連鎖の二つの輪をなす海運と海外市場とは、対外的なものであるから、これら二要素の重要性を認めることは、わが合衆国と世界との関係について、自給自足という従来の単純な思想とは根本的に相いれない見解を導入することになる、といっても過言ではなかろう。

このような考え方を進めていくと、まもなくわが国がきわめてユニークな位置に置かれていることに気がつく。すなわち、アメリカは東洋、西洋の旧世界に面しているのであり、東洋が太平洋に、西洋が大西洋に接しているのに対して、アメリカは両大洋に面し、その波がそれぞれ西部、東部の両海岸を洗っているという、唯一無二の地勢を有しているのである。

わが国の対外政策にこれらの変化の兆候が現われたのと時を同じくして、世界全体にとって、不吉とまではいかないにせよ、非常に重大な不安定状態が生じつつある。ヨーロッパ内部の形勢を詳論することは本稿の目的から外れるが、たとえヨーロッパに動乱が起こったとしても、わが国に及ぼす影響は局部的かつ間接的なものにすぎないであろう。

しかし、海洋に面するヨーロッパ列強は、欧州大陸における敵対国を警戒して防備を整えるだけではなく、貿易の拡大とか、植民地や遠隔の地における勢力拡張とかいう野望をも抱いているのであり、そのために、われわれの現時の退嬰政策のもとでですら、これらヨーロッパ海国とわが国との間に衝突が起こるであろうし、現に葛藤が生じているのである。サモア群島をめぐる事件（一八八九～九〇年、サモア群島におけるアメリカの権益に対するドイツの脅威をめぐって、合衆国議会が事実上戦争の威嚇を行なった事件）は、一見些細な問題のようにみえたが、しかし、そこにはヨーロッパの野心が顕著に現われていた。

こうしてアメリカは、自国の前途と密接につながっている利害に関して、深い眠りからめざめて活動を始めたのである。いまや、サンドウィッチ群島（ハワイ諸島）の内訌が急を告げているが、同諸島においては、いかなる外国にもわが国に匹敵する勢力を獲得することを許さない、というのがわれわれの不易の決意でなければならない。

世界中いたるところで、ドイツは貿易と植民地の拡大をめざす攻勢に出て、他の諸国と衝突している。たとえば、カロリン諸島をめぐってドイツはスペインと小ぜり合いをしたし、イギリスとニューギニア島を分割し、より新しいところではアフリカ領土の分け前をめぐってイギリスと交渉して、フランスから深い不信と嫉妬の念で眺められた。さらに、サモア事件、西太平洋諸島をめぐるドイツの覇権とアメリカの利害との対立、そして中南米におけるドイツ勢力の浸透の風説、などがあげられる。

特に注目すべきは、これらさまざまな争点をめぐるドイツ側の主張が、ドイツ帝国の特徴である侵略的な軍人精神によって支えられていることである。そして軍人精神はドイツ政府の意図的な政策よりも、むしろドイツ国民の気質から生まれたものである、と説得的に論じられている。つまり、ドイツ政府は国民感情を指導するのではなくて、それに追従しているというのであり、これはきわめて恐るべき事態である。

ヨーロッパ外の世界において、確固たる平和の時代が到来したと信ずべき理由はない。ハイチや中米、太平洋諸島とりわけハワイ諸島などの不安定な政情は、いまも昔も紛争の危険な種をはらんでいる。現にこれら諸地域の多くにみられるように、政情が不安定であるうえに、軍事的・通商的重要度が高いときには、ことに危険であるから、少なくとも紛争に備えて軍備を整えておくのが賢明である。

たしかに、今日では諸国において一般に、往時よりも戦争を憎悪する気持ちがたかまっている。われわれは、利己的で貪欲であることにかけては先祖より落ちないとしても、平和の破綻にともなう苦痛や苦難を厭う気持ちは、われわれの方が強い。しかし、このきわめて貴重な平和を維持し、貿易の利潤を邪魔されることなく享受しつづけるためには、相手国とほぼ互角の軍事力を備えて対抗できる用意がなければならない。今日ヨーロッパ諸国の軍隊が抑止されているのは、けっして現状をよしとしているからではなくて、それぞれの敵国に軍備が整っているからなのである。

ところが、やむにやまれぬ政治的必要に迫られた国が一方にあり、他方、それに対して比較的弱小な国が抵抗している場合、国際法の制裁力や大義名分や正義というものは、前者を抑えて紛争を公正に解決するための頼みの綱とはならない。たとえば、ベーリング海におけるアザラシ漁業をめぐる係争中の〔米英〕外交論争についてみても、一般に承認された国際法の原則に照らすと、わが国の主張が理にかない、正当で、広く世界全体のためになることは明白である。

ところが、わが国の主張を貫徹しようと試みた結果、われわれは単に国旗の名誉に関する相手国の国民感情——われわれ自身も自らの国民感情に非常に敏感なのだが——と衝突をきたしただけではなく、一大強国と対立するに至ったのである。イギリスはイギリスなりに必要に迫られており、わが国がとりわけ脆弱で危険にさらされている面――海上権力――で圧倒的に強力である。大英帝国には強大な海軍があり、それにひきかえ、わが国には無防備の長い海岸線があるというだけではない。

さらに、イギリスの広大な植民地とりわけカナダが、本国の力が自らにとって必要で頼りになると感じていることは、大英帝国にとって通商上・政治上きわめて有利である。もともと問題はアメリカとカナダとの間の紛争であって、アメリカとイギリスとの紛争ではないのだが、イギリスは植民地との共感のつながりを強化するために、それを巧みに用いてきた。この問題はイギリス本国だけとの交渉によれば、容易に公正な取り決めに達し、両国相互の利害に関して了解を成立させることができたであろう。しかし、カナダ漁民の純然に地方的《ローカル》で実に利己的な願望が、イギリスの政策を左右しているのである。なぜなら、カナダはイギリスをその植民地や太平洋上の貿易の利益に結びつけている最も重要な絆だからである。

ヨーロッパで戦争が生じれば、イギリス海軍は、地中海を経由して東洋に至る航路を思うままにできない可能性がある。しかし、イギリスは強力な海軍根拠地を大西洋岸ではハリファックス、太平洋岸ではエスキモルト（ヴァンクーヴァー島のヴィクトリア近郊）にもち、この両者はカナダ太平洋鉄道で結びつけられているので、地中海から東洋に至る航路や喜望峰を経由する第三の航路よりも、海上からの攻撃にさらされることのはるかに少ない代替航路を有するのである。さらに、ハリファックスとエスキモルトの二根拠地は、北大西洋や太平洋におけるイギリスの通商護衛その他の海軍の作戦行動にとって不可欠である。

この〔米英〕紛争が結局どのような形で解決されるにせよ、ソールズベリ卿の政策の結果、単にカナダのみならず他の大植民地が、本国イギリスに対する愛着心や依存の念を強めるようになるであろうことは、まず間違いない。このような愛着や相互依存の感情が、大英帝国連合論（イギリス植民地を本国と一体となし、帝国の防衛と貿易振興に関して提携の密接化をはかろうという構想）に活力を与えるのであり、それがなくては、帝国連合論といった新構想も、無意味な機構上の計画に終わるのである。また、このような感情は、売買の取り引きとか貿易の径路とかいった実際的な考慮に対しても、影響を及ぼさずにはおかないのである。

この〔米英〕紛争は、表面上とるにたらないようにみえても、現実には重大なものであり、突如として発生した問題だが、その決着には、問題そのものの理非以外の諸要素を考慮にいれることが必要になる。そしてこの紛争は、中米地峡を貫く運河が将来開通するにともない、西半球の平和を脅かす不測の危険が幾多潜在していると、われわれに信じ込ませるうえで役立つであろう。

一般的にいって、この運河の開通によって従来の貿易路の方向が一変し、カリブ海における通商活動や運輸業が大きく伸びるであろうことは、きわめて明白である。そして、現在のところ船舶の往来も比較的まばらな、この大洋の一隅（カリブ海）が、たちまち紅海のような一大航路となり、われわれがいまだみたことのないような貿易の中心となり、海洋諸国の関心と野心をひきつけるようになることも、同じく明白である。カリブ海上でわが国がどのような位置を占めるにせよ、それは通商上・軍事上きわめて重要な価値をもつであろうし、中米運河自体が最も重大な戦略上の焦点となるであろう。

カナダ太平洋鉄道と同じく、運河は両大洋を結ぶ絆となるであろう。しかし反面、鉄道とは違って運河は、条約によってきわめて用心深く守らないかぎり、海軍力でカリブ海を制覇する交戦国のために、もっぱら利用されるに至るであろう。いったん戦争になれば、アメリカ合衆国はその沿岸における敵国海軍の作戦行動によって妨害を受けるであろうが、もちろんカナダ鉄道を掌握するであろう。しかし、どの海洋大国に対しても、アメリカが中米運河を支配する〔海軍〕力を欠いていることは、これまた疑いをいれない。

軍事的観点からみて、またヨーロッパ諸国との紛糾のみに関連していえば、中米地峡に運河を開くことは、現在のアメリカ陸海軍の戦備状況からすると、このうえもなく危険なことである。とりわけ太平洋岸に対する危険は大きいが、わが国の三大沿海地方の一つが大きな危険にさらされることは、ひいてはわが国の軍事的形勢の全局に不利な影響を及ぼすことになるのである。

アメリカは、カリブ海や中米に地理的に近接し、また自国内に巨大な資源を有することによって——換言すれば、聡明な軍備計画ではなくて、天然の利点のおかげで——最初から大きく優位を占めていた。

にもかかわらず、アメリカはカリブ海や中米における自国の利害の大きさに釣り合うだけの影響力を実際に行使する覚悟が遺憾にも全然できておらず、また行使する意図も毛頭ない。わが国と利害が対立する諸国と紛争が生じた際には、海軍がきわめて重要となるのだが、われわれはそれだけの強大な海軍力をもっていないし、さらに悪いことには、それを築こうという意思もないのである。沿岸防衛が整っておれば、艦隊は海上に出て自由自在に活動できるのに、われわれには沿岸防衛がなく、それを整えたいという熱望もないのである。

わが国はカリブ海域もしくはその沿岸に戦略地点を所有していないが、多くの列強はそれを所有している。これらの拠点は、カリブ海を支配するうえで大きな天然の利点を有するのみならず、要塞や備砲のような人工的な防備が設けられてきたし、現在設置中のものもあるので、これら戦略地点は実際上、難攻不落になっているのである。これに反してアメリカはメキシコ湾において、わが海軍作戦の根拠地として役立つような海軍工廠の建築に着手すらしていないのである。

だが、私の主張を誤解しないでもらいたい。私は、アメリカが旧世界の列強の大海軍と対等の条件のもとで正々堂々と対決できる手段をもたないことを嘆くものではない。わが国は、余りある巨額の歳入にもかかわらず、その海岸線が長くて外敵にさらされている地点が多い割合には支出が貧弱である、と少なくとも若干の人びとは説いているが、私もこのことは認めている。本当に私が嘆かわしく思っているのは——そしてそれは国民の間に深い懸念を引き起こす正当で至極もっともな理由なのだが——わが国の地形の利を活かせば、不可避の国際紛争が生じたとき、ものをいうだけの堅固な沿岸防備や強大な海軍を、われわれがもっておらず、もちたいという意思もないことである。

このような紛争は、最近ではサモア島やベーリング海〔の漁業〕をめぐって起きたし、またカリブ海や中米運河問題をめぐって、いつでも一触即発の状態になっている。たとえば、キュラソー島のオランダの要塞は、目下計画中のパナマおよびニカラグア両運河の大西洋への出口に面しているが、ドイツがそれを獲得するのを、はたしてアメリカは黙許するであろうか？　またアメリカは、一外国がウィンワード水道（別称ロス＝ビエントス水道、キューバ島とヒスパニョラ島との間の水道）に面した海軍根拠地をハイチから購入するのを黙認しようというのであろうか？　しかも、この水道を経てアメリカの汽船の航路は中米地峡に達しているのである。

一方、サンドウィッチ諸島（ハワイ諸島）は、サンフランシスコ、サモア、マルキーズ諸島（タヒチ島の北東にある南太平洋の島）から等距離にある太平洋上の一大中心基地であり、またオーストラリアおよび中国に通じるアメリカの交通路の重要な拠点であるが、これを外国が保護領化することを、アメリカは黙過するであろうか？　それとも、以上のような事態が一つでも発生したと仮定するとき、アメリカの言い分だけが理にかない、一方的にアメリカ側の政策や権利の主張が正しいので、相手国はただちにその熱望する要求を断念して、あっさりと自らの立場を撤回するに違いない、と断言できるのだろうか？　サモア事件はそうだったろうか？　ベーリング海問題についてもそうなのだろうか？

昔の多くの大砲に彫りつけてある「王者の最後の議論は武力なり」というモットーは、いまなお諸国に教訓を与えているのである。

わが国の軍備の必要度をはかるに際して、主要な海軍国や陸軍国がアメリカ沿岸から遠く離れており、したがってこのような遠距離をへだてて作戦行動を持続するのが困難である点を考慮にいれることは、まったく理にかない筋の通ったことである。

さらに、われわれは対外政策を立案するにあたり、次のような点を配慮してしかるべきであろう。すなわち、ヨーロッパ諸国には警戒心が強く、したがってわが国のように強大な国民の敵意を招くことを望まず、また将来わが国から報復を受けるのを恐れていること、そしてヨーロッパ政局における自国の影響力を大きく失うのを恐れるがゆえに、その兵力のごく一部しかアメリカ沿岸に派遣できないでいるということ、である。

そして、わが国の沿岸防衛が整っている場合、イギリスやフランスがヨーロッパにおける自国の勢力を弱めたり、自らの植民地や貿易を過度の危険にさらしたりすることなく、アメリカ沿岸に対する攻撃作戦に割きうる兵力はどれほどのものか——それを周到に推量することが、実際、わが国に必要な海軍兵力を算定するための出発点となるのである。

もしわが国の海軍力が、英仏の派遣しうる兵力にまさっていて、わが艦隊がどこでも望むところに攻撃をしかけうるように、わが沿岸防衛を堅固にすれば、わが国は自らの権益を確保、維持できるのである。そうすれば、わが国は国際法が公認し、列国の道義心によって是認されている権益を擁護するだけでなく、たとえ法によって与えられていないにせよ、明らかに卓越した利益、明らかに必要やむをえない政策、そして国全体または地域的な自衛の要請などにもとづく、同様に重要な権益をも維持することができるのである。

もし現在わが国の兵力が、このような優位を占めているのなら、われわれはアザラシ漁業問題について、わが方のまったく正当な要求を貫徹できるであろう。それも、公海上で外国船を拿捕《だほ》することによってではなく、次の明白な事実によるだけで、わが方の主張を通すことができるのである。すなわち、わが国の都市が海上からの攻撃に対して十二分の防備をもち、また地勢も有利で人口も大きいから、地続きのカナダ国境やカナダ太平洋鉄道に対して、われわれの意のままに行動することができる、という事実である。

こうした不穏な事実を外交官たちは相手の面前で振りかざすことを避け、暫定的了解によって事態を収拾するのである。

したがって、西半球においてアメリカの地勢が有利であり、ヨーロッパ諸国が同地域で作戦行動に出ようとしても不利な状況に陥らざるをえないことは、政治家が考慮にいれるべき明白かつ当然の要因であるが、しかし、それだけでわが国の安全を保障するにたると考えるのは愚の極みである。これらの〔地理的〕要因は単に防御的なものであり、しかも局地的な防衛にしか役立たないのである。わが国の軍事力に有利になるよう局面を一変するためには、それ以上のものが必要になる。

たしかに、わが国の海岸は〔ヨーロッパから〕遠くへだたってはいるが、外部から攻め寄ることは可能である。しかも無防備の状態では、攻め込んでくる外敵の軍勢を海岸で食い止めようとしても、長くはもたない。ヨーロッパの海軍国は、その艦隊を一年間も回航させようとはしないけれども、もし三ヵ月間だけでもヨーロッパで平和が維持されるならば、各国は後顧の憂いなく艦隊を派遣して、自国の要求をバックアップするのをためらいはしないだろう。

だが、わが国の海の守りが、いまのように弱体でなく強力であったにしろ、通商戦争においても実際の海戦においても受動的な自己防衛は、この世界が闘争と動乱の巷《ちまた》であるかぎりは、不得策であろう。

現在わが国の周囲をみると闘争に満ち満ちており、「生存闘争」「優勝劣敗の競争」といった言葉は、あまりにも日常的に使い慣らされているので、立ち止まってその意味を熟考しないことには、その重要性を感じなくなっている。世界のいたるところで国家間の対立抗争がみられ、わが国とて例外ではない。わが国の保護貿易制度ひとつをみても、組織化された闘争の一形態にほかならない。

たしかに、この闘争を遂行するには、われわれは従来のやり方——たとえ自国に不利であっても、国力の正当な行使であると列国が是認している手段——を継承するだけでも十分事たりる。わが国がその力によって自ら欲することを行なうのは合法的だという点を、人びとは強調する。しかしわが国民は、あまりにも退嬰的で無気力なあまり、自らの利害が争点になっている問題に関しても、自己の権利を押し通そうとしたがらないのだろうか？ あるいは、わが国民は自分の権利についてあまりにも鈍感なあまり、アメリカの勢力を確立すべきだと長年考えてきた地域へ他国が侵入してくるのを黙認しようとするのだろうか？

わが国が自ら好んで世界各地の市場から孤立してきたことや、過去三〇年の間にわが国の海運業が衰退したことは、アメリカ大陸が外部の世界の競争場裡から実際に隔離されていたことと、ぴったり符合するものである。

いま筆者の眼前には、北および南大西洋の一幅の海図がある。これには、主要な貿易路の方角を表わす線と、各貿易路を通過する船舶のトン数の比率が線の太さで示されている。それをみると、メキシコ湾、カリブ海およびその付近の諸地域や諸島は、他の海域との比較上どれほど交通量が少なく、さびれているかが、判然として興味深い。これに反し、北大西洋岸からイギリス海峡に至る貿易路は、幅の広い帯で示され、交通量の多いことを表わしている。もう一つ、同じく広い帯が、イギリス諸島から、地中海と紅海を経由して東洋に伸びており、紅海付近では帯がその岸にまではみ出していて、貿易量の大きさを物語っている。第三に、前者の約四分の一の幅の細い帯が二本あり、その一つは喜望峰を回り、もう一つはホーン岬経由で、アフリカと南米との中間でともに赤道に会している。西インド諸島からは一縷の線が出ていて、かつてナポレオン戦役の時代に大英帝国の貿易総額の四分の一を占めていた地域との現在の貿易量を示している。

以上のことの意味するものは、きわめて明白である。すなわち、ヨーロッパは現在カリブ海にはほとんど商業的利益をもっていない、ということである。

しかし、中米地峡運河がひとたび開通されれば、カリブ海域の孤立は消滅し、それとともに諸列強の無関心も消え去るであろう。世界のどこからやってきて、どこに向かうにせよ、この運河を通航する船舶は、必ずカリブ海を通ることになる。海運活動にともなう諸般の需要によって、どのような影響が隣接する大陸や諸島の繁栄に及ぼされようとも、このような貿易の焦点には、大きな通商的・政治的利益が集中するであろう。

各国は自国の利益を守り発展させるために、アメリカが常にヨーロッパ列強の侵入を警戒して神経過敏であった〔中米〕地域に、支援基地を求め勢力拡張をはかるであろう。モンロー主義の真価を多くのアメリカ人は漠然と理解しているにすぎないが、広く国民に知れわたったその辞句は、国民感情を敏感にする効果をおさめてきた。往々にして、物質的利害よりもむしろ国民感情の方が戦争の原因となるものであり、こうした感情から発生した紛争を静める力は、国際法の倫理的権威にも国際法の公認する諸原則にもないのである。なぜなら、紛争の争点は、政策および利害関係をめぐるものであって、権利の譲渡といった問題ではないからである。

すでにフランスとイギリスは、自国の支配下にある港に、現在の重要性からみれば必要もないのに、人工的な軍事施設をある程度、築きあげている。英仏両国は近い将来について懸念しているのである。〔中米地域の〕諸島や陸地部分には、現在のところは弱体かつ不安定な諸国に属する非常に重要な戦略地点が多い。合衆国は、それらが強力な対抗国によって買収されるのを拱手傍観しようというのか？　しかし合衆国は、そのような譲渡に反対するために、いったいどのような権利を行使しようというのであろうか？

合衆国が行使しうる権利はただ一つ、つまり自国の武力に支えられた正当な政策あるのみである。

好むと好まざるとにかかわらず、いまやアメリカ国民は、海外に目を向けはじめねばならない。わが国の生産力の増大がそれを要求している。また、国民世論の盛りあがりがそれを要求している。さらに、二大旧世界（西洋と東洋）および二つの大洋にはさまれたアメリカの位置も、それを要求している。

やがて、大西洋と太平洋とを結ぶ新しい絆である運河が開通するに至れば、その要求は一段と強まるであろう。さらに、太平洋におけるヨーロッパ植民地の発展、日本の文明開化の進展、そしてわが国の太平洋岸諸州に国家的発展の前進部隊として進取の気性に富む人びとが急速に移住してきていること、などによって対外進出への趨勢は持続され強化されていくであろう。ロッキー山脈以西の住民は、強力な対外政策を最も熱心に支持している。

現時のようにまだ戦備の整っていない状況においては、中米地峡を貫通する運河の建設が、合衆国とりわけその太平洋岸に軍事的危険を招くにすぎないことは、前述のとおりである。

運河が完成しても、大西洋岸が危険にさらされる度合いは、現在と変わらないであろう。なぜなら、大西洋岸は、外敵に対処するにたる防備がないので、合衆国全体と同じく、対外紛争に巻き込まれる危険が、ますます高まるだけだから。さらに太平洋岸においては、ヨーロッパとの距離が運河によって短縮されるだけ、危険もそれに応じて大きくなり、もしわが国より強大な海軍力をもつ国が運河を支配することになれば、なおさらのことである。

この危険は、ヨーロッパから敵国の艦隊を派遣するのが、以前よりはるかに容易になるということだけではない。有事の際には派遣隊を太平洋岸から自国に迅速に召還することが、いまや可能になるから、ヨーロッパ列強は以前よりも強力な艦隊を太平洋岸に停泊させておけるようになるという点でも、より危険になるのである。

しかしながら、わが国の政府が太平洋諸港の脆弱性に対して賢明な処置をとるならば、そこでのわが海軍力の優越性を確保するのに、非常に役立つであろう。サンフランシスコとピユージェット湾の二大中心港は、その入港口が広くて深いために、水雷によって効果的に防御することができない。その結果、敵艦隊は障害のない海峡に進入し、悠然として砲台を通過できるので、これら二大港は、単に要塞を築くだけでは万全の安全を期すわけにはいかないのである。

要塞にはそれなりの価値があるのだが、さらにそのうえ二大港は沿岸警備艦によって守備する必要がある。これら警備艦の任務は敵艦を駆逐することにあり、陸上の砲台と協同して活動する。沿岸警備艦は、これら軍港の防衛に不可欠の役割を担っているので、その活動範囲が所属軍港を遠く離れることがあってはならない。しかしながら、戦争の戦略状況によって、戦闘行為が軍港の周辺に集中する場合には、警備艦はその担当区域内においては、常に遠洋艦隊にとって有力な援兵となるであろう。

沿岸警備艦は、遠洋航海力においては劣るが、それを埋め合わせるだけの有力な装甲と砲火力――つまり防御力と攻撃力――を備えている。そのため警備艦は、一時的に艦隊と協同して行動するとき、きわめて価値ある兵力の要素となるのである。

イギリスを除いてはどの外国も、自国の艦隊をその沿岸警備艦の活動範囲に進入させ、共同作戦を展開しうるだけ、わが太平洋岸の近くに軍港をもっていない。また、イギリスでさえヴァンクーヴァー島にこの種の警備艦を常備するであろうかどうか、きわめて疑わしい。たとえそれを常備したところで、カナダ太平洋鉄道が分断破壊されると、なんの価値もなくなってしまうのであり、わが国はいつでもこの鉄道を破壊する力をもっている。

ハリファックス、バーミューダ諸島、ジャマイカ諸島を支配する海の女王イギリスが、現在ヴァンクーヴァーやカナダ太平洋鉄道を防御するには、わが国の大西洋岸を衝く必要がある。わが方の沿岸防備の現状では、イギリス海軍はこの任務を完璧に遂行する力をもっている。わが国の大都市が無防備で脅威にさらされているのに比べると、カナダ全体の直面している危険など、物の数ではない。たとえ、わが海岸に要塞を築こうとも、わが艦隊力がこれまでの計画の規模にとどまるのであれば、イギリス海軍は依然としてわが大西洋岸を攻撃できるだろう。

わが沿岸貿易の遮断、ボストン、ニューヨーク、デラウェア、チェサピーク湾などの海上封鎖によってわが国がこうむる被害の報復として、それに釣り合うだけの損害を、わが国はカナダに加えることができるだろうか？

イギリスは、国際法の曖昧な定義によって、実際にこのような海上封鎖を実施しうるであろう。そして中立諸国もまた、こうした封鎖を有効と認めるであろう。

兵備の強化がわが太平洋岸諸州に必要で、合衆国全体にとっても非常に重要になるのは、まだ将来の問題ではあるが、きわめて近い将来のことであるので、その準備をただちに始めなければならない。

同地域における戦備の重要性をはかるには、かりにワシントン、オレゴン、カリフォルニアの三州のみで独立した一国を構成し、これまでのように移住民の大量流入によって今後ますます人口を増し、サンフランシスコ、ピュージェット湾、コロンビア川といった海上貿易の中心を支配するに至るとすれば、こうした国が、どれほどの勢力を太平洋上にふるうことになるであろうか、と想像してみればよい。これら諸州が血縁や密接な政治的連合によって東部の社会に結びつけられているからといって、こうしたなりゆきは、さほど重大でないといえるだろうか?

しかし、こうした勢力が不和や軋轢なしに機能するためには、いわゆる外柔内剛というのに似て、その蔭では戦備を整えておくことが要求されるのである。

戦備の完整には、次の三条件が必要とされる。まず第一は、要塞や沿岸警備艦による主要港の防備である。その結果、防衛的兵力が形成され、内地の国民の安全が保障され、さらにあらゆる作戦行動に必要な策源地が得られるのである。第二は、攻勢的兵力つまり艦隊力であり、これによってのみ一国はその勢力を海外に拡張できるのである。第三は、今後どの外国にもサンフランシスコから三〇〇〇マイル以内――すなわち、ハワイ諸島、ガラパゴス諸島、中米の海岸、を包括する距離以内――に給炭港を獲得させないことであり、それはわが国策の侵すべからざる不退転の決意でなければならない。というのも、燃料は近代海戦の生命、艦船の糧であり、それなくしては、大洋をゆく近代の怪物も餓死してしまうのである。それゆえ、海軍戦略上の最も重要な思惑が燃料問題に集中するのである。

カリブ海や大西洋において、われわれは幾多の外国の給炭港に直面しているため、常に戦備を整えて待機することを余儀なくされているが、それはあたかも昔ローマがカルタゴの攻撃に備えていなければならなかったのと同様である。しかし、われわれは他の国によって北太平洋で機先を制せられるがために、より大きい危険を招いたり、わが兵力がこれ以上牽制されたりすることに、黙従してはならないのである。

結論として、イギリスはその偉大な海軍力の点でも、わが国沿岸の付近に強力な戦略地点を有する点でも、わが仮想敵国のうちで最も恐るべき存在ではあるが、しかし他方、同国との衷心からの協調は、わが国の対外的な利益の最たるものの一つである、と付言すべきである。

疑いもなく、英米両国とも当然、それぞれ自国の利益の追求に汲々としているが、またそれと同時に、両国とも同一の源泉から発し、その本能に深く根ざした同一の法と正義の観念とによって規制されているのである。たとえ一時的に逸脱することがあろうとも、そのあとには必ず両国は正義についての共通の基準に復帰するのである。

英米間の公式の同盟は問題外だが、ただ両国がその国民性でも思想でも似かよっていることを誠心誠意みとめるならば、おのずから共感が生まれるであろう。そして共感が生まれれば、両国にとって有益な協力関係が促進されるであろう。なぜなら、感傷はもろくても、国民感情は強いからである。

ハワイとわが海上権力の将来

一八九三年三月

本稿を起草した由来は次のようである。一八九三年のはじめ、ハワイ革命が勃発したとき、筆者は『ニューヨーク・タイムズ』紙に一書を呈し、それは一月三一日付の紙上に掲載された。はからずもこれが『フォーラム』誌の主筆の着眼するところとなり、筆者は、ハワイ群島のもつ軍事一般、つまり海軍上の価値について一文を草するよう求められたのである。『ニューヨーク・タイムズ』紙に寄せた一書では次のように書いておいた――。

ニューヨーク・タイムズ編集長殿

最近のハワイの革命について世上に看過されてきたように思われる一側面がある。それは、単にハワイ諸島とわが国やヨーロッパ諸国との関係のみならず、ハワイ諸島と中国との関係なのである。後者の関係が、将来いかに死活的に重要な問題となるかは、現在ハワイ諸島の全人口のうち、同諸島に移住した中国人の占める数が多大であることからも明らかである。

このサンドウィッチ諸島（ハワイ諸島）は、北太平洋において地理的にも軍事的にも他に比するもののない優位を占めているのだが、この諸島が将来ヨーロッパ文明の前哨地点となるのか、あるいは中国の比較的野蛮な文明の前進基地と化すのか――それは、ただアメリカ合衆国のみならず全文明世界にとっての大問題なのである。

中国の億兆の大衆はいまのところ不活発であるが、その昔、野蛮な侵略軍の洪水のもとに文明を葬ってきた、あの凶猛な衝動にふたたび駆られる日の到来するのを、極東事情や東洋人の性格に通じている海外駐在の軍人の多くが憂えていることは、わが国の識者には十分知られているが、おそらく一般国民の間では広く注目されていない。

ヨーロッパが巨大な軍隊を常備しているのは、しばしば嘆かわしいことだとされてきたが、野蛮人の巨大な運動が押し寄せてくる場合には、ヨーロッパの軍隊がその障壁となるべく予定されているのかもしれない。明らかに、中国が現在のような状態でありつづけるかぎり、博愛家たちのユートピア的な夢であるヨーロッパの軍備全廃ほど、世界の将来に惨事をもたらすものはあるまい。

しかるに、中国は東西の両面に横たわる障壁を突き破って、ヨーロッパ大陸のみならず太平洋方面にも突進してくるであろう。このような動きに対抗するうえで、一大文明海洋国〔アメリカ〕がサンドウィッチ諸島を固守するか否かに、由々しい重大問題がかかっていることは、いくら誇張しても過言ではない。

その現地ハワイに地理的に近いという点でも、また中国人との密接な接触につれて彼らの移住に強固な憎悪感を抱くようになったという点でも、太平洋岸に面するわが国が、この最も枢要な戦略地点を守るのに最適の守護者とされるのは当然であろう。しかし、ハワイを固守するためには、上に想定した場合にも、あるいはヨーロッパの一国と交戦する場合にも、わが国の海軍力の大拡張が必要になる。われわれにはそれを実施する覚悟ができているだろうか？

合衆国海軍大佐　A・T・マハン

一八九三年一月三〇日　ニューヨークにて

ハワイにおける長年の紛争が突如として――少なくとも一般大衆のみるところでは、突如として――危機的な状況に達したことや、ハワイ駐在のわが国代表（公使）が正式に事実上の政府と認めている〔ハワイの〕革命政府からアメリカ合衆国に通告されたと報じられている申し入れの性格をみると、それは歴史上に現われた幾多の重要な事例に、いま一つの実例をつけ加えるものである。すなわち、世に壮年でありながら死に直面している人がいるのと同様、諸国家も平和時において、予期しない軋轢の種や利害の対立に直面するのであり、その結果、あるいは戦争に至るか、さもなくば、戦備がまだ整っていないため紛争を回避しようとして、疑う余地のない絶対必要な国家的利益を放棄することになるであろう。

わが国があらかじめ計画した企てではなく、また現下の危機を引き起こすようになろうとは予期していなかった一連の事件――たとえ、その一つ一つが人間の所為によるものとはいえ――が合流した結果、アメリカ合衆国はハワイ問題に対して回答を出し、決断を下すことを迫られている。そしてこの問題は、昔マメルティニの守備隊が、ローマの元老院に、メッシーナ（シチリア島北東部）を占領し、これまでローマの拡張をイタリア半島に制限してきた伝統的政策を放棄するよううながしたときに、元老院が迫られた決断と似たところがあり、それと同じほど重大なのである。

というのは、望むと否とにかかわらず、われわれはハワイ問題に対して回答せざるをえず、また決断を下さざるをえないからである。この問題を避けて通るわけにはいかないのだ。このような状況で、まったく無為無策の方針をとることは、最も激烈な行動に出るのと同じく、一つの決断であることに変わりはない。

いまやわが国は前進することができるのであるが、現下の世界情勢においては、われわれは前進するのでなければ後退することになろう。なぜなら、ここで重要になるのは、特定の行動というよりは原則の問題なのであり、前進するにせよ後退するにせよ、いずれの場合でも将来重大な結果をはらんでいるのである。

しかし実際、この点に関して非常に困難な事態は起こりそうにない。上述の歴史的事例とは異なって、イギリスとアメリカ合衆国――いまや相互の利害が相接触するに至った二国――は、その継承する伝統、思考習性、価値観などの点できわめて相似しているので、その一方の支配している地域において、他方の権益が優勢になるために損害をこうむることを恐れる必要はない。

過去数年の間にわが国に押し寄せてきた移民の群れが、〔アングロ・サクソン系には〕異質で雑多な性格のものであったにもかかわらず、わが国の政治的伝統や人種的特性は、依然としてイギリス的である（ダグラス・キャンブル氏にいわせればドイツ的だそうだが、いずれにせよ人種的には同一である）。いうなれば、あまり口に合わない食物を詰め込んだきらいがあるにもかかわらず、わが国の政治的消化力は、その入国を拒みえなかった不調和な〔移民の〕大集団を、これまでのところなんとかこなしてきたのである。

ときに〔彼らのアメリカ社会への〕同化が不十分である場合でも、わが国の政治制度や精神は、依然として本質的にはイギリス的である。わが国は自由や法や権利についてイギリスと同様の理想によって鼓吹されており、大西洋をへだてた同族のイギリス人に劣らず進歩的であることは断言できる。また同時に、基本法を守るため慎重な方策を講じている点では、われわれは彼らよりむしろ保守的だといえよう。

わが国は自由《フリーダム》の真髄を受け入れて、自由《リバティ》か法の一方だけではなく、その両方とも保持してきたのである。この精神をもって、わが国は〔独立〕当初から引き継いだ領土を支配してきたのみならず、かつてローマ帝国がイベリア半島の諸邦を併合したのと同様に、漸次わが版図を拡張してきた。そうして、自由で公正な政治という同じ基本原則をいたるところに広め永続させてきたが、それは、イギリスの名誉のためにいうなら、大英帝国もまたその歴史を通じて維持してきた原則なのである。

そして現在に至り、わが国の進路は、南方ではわれわれとまったく異質な〔ラテン・アメリカ〕民族の権益によって阻まれ、北方ではわが国と類似した伝統をもつ連邦（カナダ）――それがどの国に帰属するかを自ら選ぶ自由を、われわれは尊重するのだが――によって阻まれているので、ついにわれわれは海洋に到達したのである。わが国の揺籃期においては、ただ大西洋に面する領土のみであったが、青年期に至るや、わが国境はメキシコ湾にまで伸び、そして今日、成熟期に達した合衆国は太平洋岸にまで拡張したのである。

もうこれ以上どの方向に前進する権利も使命もわが国にはないのであろうか？　水平線の彼方には、われわれが一定の政策をかかげて対処すべき明白な危険も、わが国に利権を与えるような重要な利害関係も、もはや存在しないのであろうか？

この問題こそ、長らくわれわれの前途に重くのしかかってきた課題であり、いまやそれは急速に現実の問題になりつつある。

最近のハワイ事件はその一端であり、それ自体ではおそらく小さな一部分でしかなかろうが、全体との関連では死活的に重大になるため、前述のように、誤った決定はそれだけではすまず、原則上および実際上、全体にわたり後退をもたらすことになるのである。わが国の自然かつ必要やむをえず抑えがたい膨張の結果、われわれは今日もう一つの偉大な国民（イギリス人）の進路と相接触するに至った。イギリス人の生活方式は拡張主義をはぐくみ、往時は猛威をふるったもので、現在でもその周期的な発露をみることができる。

この拡張主義は、ジブラルタル、マルタ島、キプロス島、エジプト、アデン、インドの順序――年代順には、厳密にこのとおりではなくとも、地理的にはこの順序――で展開して、ついに完全な連鎖を形成するに至った。この連鎖は、公然たる武力もしくは政治的協定によって、一環また一環と作りあげられたのだが、常にイギリス人の国民的本能にもとづく強固な圧力によって着実に広げられたのである。そして、この国民的本能はきわめて強力で、その方向も確かなので、各派の政治家は好むと好まざるとにかかわらず、個人の力では逆らうことも大幅に軌道修正することもできない趨勢に押し流されてきた。

かつてグラッドストーン氏は、根拠のない風説や不注意な個人的発言に災いされて、エジプト占領を放棄したいと切望していると取沙汰されたものだが、長年の在野時代ののち、ふたたび〔一八八〇年、首相に〕返り咲くや、エジプト占領軍を増強せざるをえなかった。けだし、歴史の皮肉というものであろう。

さらに、上述の連鎖について注目すべき点は、その両端が最初に確保されたということ――つまり、最初にインド、次にジブラルタル、そしてずっと遅れてマルタ、アデン、キプロス、エジプトの順に占領されたこと——、そしてほとんど例外なしに、イギリスはライヴァル国の嫉妬や憤怒にもかまわずに、これらの地域を次々と占領していったということ、である。

スペインはジブラルタルを失った恨みをけっして忘れはしなかった。またナポレオン一世はこういっている。「イギリス人どもがマルタを占領しているよりも、むしろモンマルトル（パリ北部の山手の地区）の丘の上に陣どっている方がましだ」。イギリスのエジプト支配に対するフランス人の感情は、周知の事実であり、彼らはそれを隠そうともしない。われわれアメリカ人への警告としていい添えておくべきは、フランス人の憤怒は、せっかくの好機を拒まれたという苦々しい感情によって倍加された、ということである。

大西洋、カリブ海、パナマ地峡に対するイギリスの支配力を強化している沿海領土の第二の連鎖については、ここではハリファックス、バーミューダ、サンタ＝ルシア、ジャマイカを結ぶ線に言及するにとどめよう。太平洋においては、イギリスの立場はずっと不利であり、おそらくどの地域よりも劣っている。これには明らかな自然の理由がある。

東太平洋における貿易の発達は、西太平洋の各地と比べて、はるかに遅れをとり、いまなお不完全な状態にある。後者は、はじめてヨーロッパからの冒険家たちに開かれたとき、すでに中国や日本の古来の経済活動の中心地であって、さまざまの珍宝奇物を豊富に提供し、商人たちを一攫千金の夢に誘ったのであった。これに反して、アメリカの西部海岸の大部分は野蛮人が住みついており、メキシコやペルーの金銀のほかに産物はほとんど何もなく、しかもその貿易も、スペインが長らく同地域で優勢を保っていた間は、商業国民ではないスペイン人によって独占されていたのであった。

アメリカ太平洋岸はイギリスから非常に遠くへだたっており、貿易用の物資も僅少であったので、イギリス人の企業心を刺激しなかった。イギリスの船乗りをひきつける主たる誘因は、利潤獲得の目当てであり、利益を求めて彼らは随所に進出して植民し、植民するにつれてその地を併合したからである。

北アメリカの西部海岸は、ホーン岬経由の長くて危険な航路によるか、あるいはさらに大きな労苦と危難のともなう大陸横断の陸路による以外に到達できないので、温帯圏内の肥沃な沿海地方のうち、白人が占領する土地としては最後のものとなった。

ヴァンクーヴァー（ジョージ・ヴァンクーヴァー。一八世紀のイギリスの航海家、探検家）がピュージェット湾を探検し、イギリス領北アメリカ大陸と、今日彼の名で呼ばれている〔ヴァンクーヴァー〕島との間の海峡をはじめて通過したときには、アメリカ合衆国は名実ともに、すでに独立した一国であった。したがってイギリスは、北東太平洋に面するブリティッシュ・コロンビア（カナダ南西部）、南西太平洋に面するオーストラリアとニュージーランドの最近の発展からみても、またもや一大航路の両端しか掌握していないという結果になった。

その両端を連結すべき中間の鎖をなす島々をどうしても手に入れようとイギリスは望んでいるに違いないし、ある強力な障害さえなければ、それが達成できない理由は何もない。この障害というのは、イギリスよりも緊急で優越した死活的必要を感じている、もう一つの国民――つまり、われらアメリカ国民のことである。

これらの鎖のうちでもハワイ諸島はユニークな重要性をもつが、それは単に天与の貿易上の利点のためだけではなくて、海上支配や軍事的管制に有利な位置を占めているからである。

一般に、ある海軍根拠地のもつ軍事的・戦略的価値は、その地理的位置、防御力、そして資源いかんにかかっている。以上の三者のなかで第一の要因が最も重要である。なぜなら、それは天与の状況であり、人為的なものではないからである。ところが、他の二条件が不十分な場合には、その全部もしくは一部を人為的に埋め合わせることができるのである。つまり、要塞を強化することで根拠地の弱点を補強できるし、先見の明があれば、現地では産出していない資源をあらかじめ蓄積しておくこともできる。しかし、戦略的有効範囲の外にある一根拠地の地理的位置を変えることは、もとより人力の及ぶところではない。

ここで、かつてナポレオン一世が戦闘舞台になりそうな一地域について論評するにあたり、どのような要因を考慮したかを調べてみることは有益であり、それは皮相的な読書によっても明らかになる。

まず第一に、彼は最も顕著な地形上の特徴を検討することから始め、次に要地を扼する戦略地点を列挙し、それらの相互間の距離、相対的位置——海軍用語でいうところの〝方位〟——そして作戦に際して各地点から得られる個々の便益を考究するのである。このような考察から、種々の錯雑した副次的問題を省いた全体的輪郭、つまり基本計画が得られ、また決定的な重要地点がどこにあるかについて明確な判断を下しうるのである。

こうした作戦地点の数は、特定の地域の特徴によって大きく異なる。山地で起伏のある地方では、その数は非常に多い。他方、天然の障害物のない平地では、その数は少なく、人為的に築かれたもの以外には皆無ということになるだろう。作戦地点が少ない場合、そのおのおの価値は、沢山ある場合より必然的に大きいだろうし、もしただ一ヵ所しかない場合には、その重要度はユニークであるばかりか絶大なものとなり、この作戦地点が単独で力を及ぼす範囲の広さによってのみ、その重要性は測られるのである。

一方、海洋というものは、陸地に接近するまでは、なんら障害物に邪魔されない大平原の理想を実現するものである。ある著名なフランスの戦術家は、海上には戦場なるものはないと述べたが、その意味するところは、軍隊の移動に際して将軍を束縛したり、ときには掣肘《せいちゆう》したりするような地理的拘束は何もない、ということである。これに反して平原上では、どれほど平坦かつ単調な地勢でも、些細な要因によって人口の町村への集中が左右され、諸中心点を結ぶ連絡線の必要に応じて道路が開通されるのである。道路が交叉したり一点に集中したりするところでは、相交わる道路の数やその個々の重要度に即して枢要な拠点が形成され、拠点を占有することで支配力を拡張することができる。

これとまったく同じことが海上についてもいえる。地球上の二地点を結ぶ無数の水路のうち、船がどの一航路をとっても、大洋そのものはなんら障害を与えないが、距離の大小や便宜の多寡、往来の頻繁さや風の有無などの条件によって、おのずから普通一般に用いられる航路が定められる。これら諸航路が洋上の一拠点の近くをかすめて通ったり、さらには諸航路がこの拠点を利用している場合、それは航路に影響を与える枢要なところになる。また、いくつかの航路が海上拠点の付近で集合・交叉するにしたがい、その影響力はさらに一段と大きくなり、近海を制するに至るのである。

さて、以上の考察をハワイ諸島にあてはめてみよう。

太平洋全域とその東西両端にある海岸線を示す一幅の地図をみれば、すぐに二つの顕著な状況が、誰の目にも明らかになるであろう。一見しただけで、まずサンドウィッチ諸島が茫漠たる大海原のなかで比較的孤立した状況に置かれていること、第二に、同諸島がホノルルからサンフランシスコに至る距離とほぼ相等しい半径の巨大な円の中心となっていることに、人は気づくだろう。

その円周を地図の上にコンパスで描いてみるならば、それは西方および南方においては、オーストラリアとニュージーランドから北東方の、アメリカ大陸に向かって連なる一連の太平洋群島の外縁と交錯していることがわかるであろう。この大円形の内側には、若干の無人でとるにたらない小島が点在しているが、それはあたかも自然がハワイと南太平洋諸島との間のへだたりを埋めるのに失敗したことを示すかのように思われる。

しかし、これらの小島のうちファニング島（中部太平洋、ポリネシアのライン諸島に属する）やクリスマス島（同じくライン諸島の環礁からなる）などがここ数年の間にイギリス領に加えられたことに注目すべきである。サンフランシスコからホノルルに至る二一〇〇マイルの距離は、汽船でなら楽な航行距離であって、これはだいたいホノルルからギルバート、マーシャル、サモア、ソシエテ、マルキーズの諸島に至る距離と相等しいが、後者の諸島はすべてヨーロッパ諸国の支配下にあり、われわれアメリカ人が部分的にせよ勢力をもっているのはサモア島だけである。

ハワイのように中心的な位置を占め、しかも広大な洋上において競合する島も代用になる島もない唯一の存在をなすという状況は、ただ戦略家のみならず貿易の指導者の注目をただちにひかないではおかない。さらに上述の顕著な二状況の結合に加えて重視すべき点は、このように特異な状況に置かれたハワイ諸島が、太平洋として知られるこの茫漠たる海面を横断する大通商路に対して、並はずれた重要な関係をもっているということである。

しかしそれは、現に使用されている通商ルートに対する関係にとどまらない――もちろんそれも重要だが。ハワイでの最近の事件の結果、われわれはきわめて不本意ながら将来に注意を向けざるをえなくなったのだが、将来必ず開かれるべき新しい貿易ルートに対するハワイの関係は一段と重大なものとなるであろう。すでにみたように、種々の状況の力によって貿易の中心点がいくつか生まれ、必然的にそれらを結ぶ交通線が現われることになろう。そして将来を展望すると、新たに巨大な中心点が現われて、既存の海路に大幅の変更を加え、また新しい航路を開いていくに違いない、ということが漠然とながら予測されるのである。

中米地峡を貫く運河ルートが結局パナマ、ニカラグア経由のどちらに決着がつこうとも、ここで論じている問題にはたいして関係ない。もっとも、この問題について考究してきた多くのアメリカ人と同様、私も後者のルートに決定されると信じてはいるのだが。いずれにせよ、大西洋からも太平洋からも数多くの船舶が中米地峡に集合する結果、おそらく世界に匹敵するものがない大洋間の貿易の中心地が〔運河地帯に〕出現するであろう。そこに至る接近路は油断なく見張られるであろうし、また運河が太平洋上の他の中心点と海路を経て連結される結果生じる相互関係も、綿密に検討されねばならない。

このように通商ルートやそれとハワイ諸島との関係を、前述した他の戦略的考慮と併せて考究するならば、貿易や海軍による支配をもたらすうえで、ハワイ諸島がいかに重要であるかを断定する諸事実の要点を完全に把握することができる。

ふたたび地図を眺めると、中米地峡からオーストラリアやニュージーランドあるいは南米に至る最短航路は、ハワイにはまったく触れることなく、またハワイから妨害を受けることもないが、他方、中国や日本へ向かう最短航路は、ハワイ諸島の間を貫通するか、それにきわめて接近することがわかるであろう。中米から北米の諸港に向かって航行する船は、もちろん、わが国沿岸の勢力下に入ってくる。

このような太平洋上の現状および今日列国の承認している政治権力の分配は、当然のことながら、特定の勢力範囲の画定に対してわが国も他の諸国と同様に国際的黙認を与えることを暗示しており、すでに南西太平洋においてイギリス、ドイツ、オランダの各国は、その要求の衝突を回避するために、おのおのの勢力範囲を認め合っているのである。このような承認は、その形式こそ人為的であるにせよ、ここに述べた場合には、きわめて当然で争う余地のない情勢にもとづいているといえよう。

アメリカ合衆国は、北太平洋の東岸に接する諸国のなかでは、人口、利害、勢力のどの点でも並はずれて巨大である。したがって、わが国とハワイ諸島との関係が、他のどの国との関係よりも密接かつ重大であるのは至極当然である。一方、イギリスやその植民地も当然、わが国と同じく太平洋における勢力拡張を欲しているが、ハワイに対する関係では大きくアメリカに劣っている。

たしかに、ブリティッシュ・コロンビアから東オーストラリアやニュージーランドに至る直通航路は、将来建設されるべき〔中米〕運河を経由する必要もなく、前述の諸航路と同じほどハワイ諸島の近くを通過しており、このもう一つの大航路がハワイ諸島をかすめて通るという事実は、同諸島の戦略的重要性を高め強調することになっている。しかし、だからといって、ハワイ諸島に対するアメリカの利害関係がイギリスのそれを上回っているという主張に、変わりがあるわけではない。そしてそれは、一国が自らの権利を主張する際に正当な論拠として常に承認されてきた地理的理由――つまり、わが国と同諸島が近接しているという理由――のためである。

たしかに、合衆国の勢力がブリティッシュ・コロンビアと南太平洋との間に介在していること、そしてアメリカがハワイに最も近い国であることは、ブリティッシュ・コロンビアの欲求達成を阻み、カナダ太平洋鉄道に頼っている通商上・軍事上の交通線の価値を減じている。しかし、それが現実なのだから、太平洋におけるアメリカの役割にとって至要の立場にある、わが六五〇〇万の国民の利害は、カナダの六〇〇万人の利害に当然優先すべきなのである。

上の考察をさらに進めると、太平洋――とりわけ、地理的にみてアメリカ合衆国がその主張を押し通す最も有力な権利をもつ北太平洋――の通商的・軍事的支配に強力な影響を及ぼす地点として、ハワイ諸島の重要性が明らかになる。以上のような利点を〝積極的利点〟と呼ぶことができよう。つまり、貿易の保護と海軍の支配力とを直接に強化するうえでの利点である。

ハワイ領有の〝消極的利点〟としては、もし同諸島が他国の手中に入った場合、わが国に不利や脅威をもたらすであろうような状況を未然に防ぎうること、が指摘される。もしハワイのような重要地点が仮想敵国によって占拠されるならば、わが国の太平洋岸および太平洋上の貿易が重大な脅威をこうむるであろうことは、新聞で頻繁に書きたてられており、おりにふれて公表される外交文書でも詳論されている。こうした脅威については、一般国民の間に広く認識されていると考えてよかろう。

ところが、次の一点については、どれほど強調してもしすぎるということはなく、この一事こそ海軍将校が一般国民よりも神経過敏でなければならない点である。すなわち、ピュージェット湾からメキシコに至るわが国の海岸線上の各地点から二五〇〇マイル以内のところに敵性の海軍国が貯炭港を獲得することになれば、わが国にとって非常に不利になる。もし、こうした貯炭港を設ける場所が他にも数多くあるのなら、その全部から諸外国を締め出しておくのは困難かもしれないけれども、実際にはただ一ヵ所、ハワイしかないのである。

サンドウィッチ諸島を給炭基地に使用するのを拒まれた敵は、燃料補給のため三五〇〇マイルから四〇〇〇マイル——往復にして七〇〇〇から八〇〇〇マイル——の遠距離を往来しなければならなくなり、そのため海軍作戦に非常な障害をきたし、持続的な作戦行動が不可能同然になる。たしかに、イギリスはブリティッシュ・コロンビアの炭坑を使用しうるという利点を上述のことに加味して考えるべきだろうが、しかし、われわれはいったん必要とあらば、陸続きに同地方に兵を送って、少なくともその使用を阻害することが可能であろう。

海岸線――海のフロンティア――の攻撃や守備にこれほど重要な要因が、〔ハワイのような〕一地点に集中しているケースは珍しい。そして、もしわが国が正当に同地点を獲得しうるのであれば、それを獲得する必要性と重要性は、刻下の情勢によって倍加されるのである。

またこのように、いやおうなしにわが国につきつけられた好機が、あたかもわが国の一地域、わが海外貿易や対外勢力の一部分のみに関するものであるかのごとく、せまく考えないように、と望みたい。それは、まだ断行すべき機運が熟していないかもしれない特定の一行為、といった些細な問題ではなく、将来数多くの行動や決定として結実すべき原則、政策の問題なのであり、わが国の国運の進展度からみて、それを実行に移すべき時機がいまや到来したのである。

この基本的な考え方に踏み切るにあたり、他の諸国の権利や正当な感情――それは、ここで直接問題にしている措置によって蹂躙《じゅうりん》されるものではない――に対して当然かつ誠実な敬意を払うことが、その条件となる。そして、ハワイを併合しようとする試みでさえ、至当な目的を欠くために不条理で単に散発的な努力にすぎない、とはいえない。ハワイの併合は、わが国がその国運の発展につれて、これまで満足してきた活動範囲を越えて海外に自らの勢力――およびその下にある人びとの福利――を拡張する必要性を感じるに至ったということの最初の成果、象徴となるであろう。

われわれの自慢の種である経済的豊潤といえども、それを望まぬ人びとに強制すべきものではない、と認めてもよかろう。しかし、こう述べたからといって、自発的にわが国の勢力下に入ってきたいと願う人びとを合併する権利がわが国にあり、またそうするのが得策であるということを否定するわけではない。比較宗教学の教えるところによれば、伝道事業を拒否する宗教は衰退する運命にあるというが、一国の運命についても同じことがいえるのではなかろうか？

明らかに、イギリスの輝かしい歴史をひもとくならば、イギリスが大洋に乗り出したときの精神のなかに、その国運興隆の主たる起源が求められる。たしかに、当時イギリスは明確な拡張政策を立てていたわけではなく、また自らの運命の星が導く将来を予見していたのでもなく、成長期にある諸国に往々みられるように、本能――それは経験にもとづく、より理性的な衝動を予示する――に従っていたのである。

われわれもまたイギリスの経験に学ぼうではないか。イギリスはけっして一朝一夕にして今日のような大海洋国にのしあがったのではなく、機に乗じて一歩一歩進み、ついに現在、イギリスに端を発する諸制度および英語の普及に示されるような、全世界における優位を占めるに至ったのである。

もし当時のイギリス人が、今日のわが国民のように、あまりにも慎重であったがために躊躇逡巡し、自国の海岸線を越えて雄飛することができなかったとするならば、今日の世界はどれほど貧弱なものになっていたことであろう！　また、イギリス的伝統をひく二大国の間に、非公式ではあれ友好的な協調が成立し、相互に警戒心を捨て、互いに助け合いながら自由に膨張することができれば、世界全体の幸福を大きく増進させるということを疑う者があろうか？

しかし、世界の福利へのアピールが国家的自己利益の主張の隠れみのであるとして、疑惑をもってみるむきがあるかもしれない。そうならば、われわれは利己主義が正当な動機でありうること――事実、正当な動機であること――を率直に認めようではないか。わが国の政策を偏狭な自己利益の追求に限定しようと望む人士がいるが、われわれはそれに対抗して、度量の大きい自己利益を堂々と主張しようではないか。

わが国をとりまく三大海洋である大西洋、メキシコ湾、太平洋の沿岸地方が要求しているのは、中米地峡に運河を開通させることにより、公海の大道を拡張することであり、このような大道によってのみ、いまも昔も繁栄がもたらされるのである。そして三大海岸地方が〔海運の〕拡張を要求しているのは、その地域の利益のためでもあり、また三地方のつながりをより密接にすることでアメリカ全体の国力を増進するためでもある。

陸運は常に障害が多くて遅く、自然が作り出した海洋という王道に対抗してそれにとって代わろうと試みても、しょせん無理であり、海運に大きく引けをとらざるをえない。少数者の団体的利益は結集力――それは軍隊や少数派の強みとなっているのだが――の点では活気を呈することがあっても、自らの欲求を漠然としか意識していない大衆の組織されない力に対して一時的に抵抗できるだけである。

後者は結局のところ、自然の盲目的な力のように、その必然的な発展の進路に立ちはだかるすべての障害を一掃して前進するに違いない。したがって、中米運河の建設は、合衆国の前途にとって必要不可欠な企画である。しかも運河は、それに依存する政策に当然付随する他の諸問題から切り離しうるものではなく、後者の細部についてはまだ正確に予知できない。しかし、今後適切かつ必須となるべき具体的措置を、まだ的確に予測できないからといって、好機が到来したときの指針として役立つ行動原則をいまから確立しておく必要がないということにはならない。むしろ、いっそうその必要があるのだ。

まず、歴史が証明するところの基本的真理から説き起こそう。すなわち、制海権――とりわけ、国益や自国の貿易の存する大海路に対する支配権――は、諸国の国力や繁栄の物質的諸要因のうちでも最たるものだ、という真理である。海洋こそ世界の運輸交通の一大媒介であるからである。

このことから必然的に導き出される原理は、次のことである。すなわち、制海権に付帯するものとして、制海権の確立に資するような海上根拠地を正当な手段で獲得しうる好機がくれば、それを獲得することが絶対必要だ、ということである。いったんこの原則を採択する以上、われわれは中米地峡に接近するための戦略的拠点――それは多数存在する――を獲得することになんら躊躇する必要はなく、しかも地峡をめぐる利害関係からみて、これらの拠点はわが国〔による併合〕を必要としているのである。同様のことはまた、今日ハワイの場合にもあてはまる。

しかしながら、軍事的観点――それを必要としない段階にまで世界はまだ進んでいない――からみて、一つ警戒すべきことがある。

陸上もしくは海上にある軍事的要地や要塞が、いかに地の利を占めて強固であろうとも、それだけでは制海権を確立することはできない。往々にして人びとは、しかじかの島や港を獲得すれば、しかじかの海域の支配権を掌握しうるだろう、などというが、それは実に嘆かわしい大間違いであり、破滅的な結果をもたらす。こうした無責任ない方をする人士がいるかもしれないが、十分強力な防備と艦隊力の維持に必要とされる他の諸条件を一刻も忘れてはならないのである。

しかし、わが国の海軍力に対する自信過剰、海港の防御に対する無関心、そして自国の艦隊の強大さに対する自惚、などが広く国民の間に蔓延しているところをみると、将来、前進的な政策のもたらすべき結果が、すべて真剣に熟考されているとはいえないのではないかと、私は懸念するものである。

あの慧眼のナポレオンですら、かつてこう述べたことがある――「サン゠ピエトロ（イタリア、サルデーニャ島付近の小島）、コルフ（ギリシア北西海岸沖の島）、マルタの諸島を占有するならば、われわれは優に全地中海の王者となるであろう」と。なんたる驕慢であろう！

それから一年もたたないうちにコルフ島が、そして二年以内にこんどはマルタ島がフランス帝国の手から奪われてしまったが、これらの島を保持するにたる艦船をもたなかったからである。否、それだけにとどまらない。もしボナパルトが、退廃していても無害の一政府（トルコ）の掌裡からマルタ島を奪取していなかったならば、地中海のこの砦は、おそらくは——否、十中八、九まで——彼の主敵（イギリス）の手に渡るようなことはなかったであろう。この事例もわが国にとって教訓になる。

外洋に散在する属領の保全のためには十分な艦隊力が必要である、という認識からさらに進んで、そのために合衆国は現在世界で最大の海軍（イギリス海軍）に劣らない大海軍を必要としている、という結論へ飛躍することは、けっして論理的思考ではない。

わが国のように外国の艦隊根拠地から遠くへだたっている国は、その遠距離のゆえに、さらにヨーロッパ列強が、自国により身近なヨーロッパで利害が錯綜していることもあって、〔アメリカに対して〕海軍力を行使するうえでさまざまな制限を受けざるをえないことをあてにしてもよかろう。しかしながら、わが国が列強から遠く隔離されていることをたのんで、細心に計算された武力による裏づけを怠り、単に地理的なへだたりを不貫通の堅固な鎧とみなし、その庇護のもとでいくら威張った態度にふけっていても安全だ、と考えはじめるときに重大な過誤が生じる。

わが国にとって十分な海軍力とはどれほどの規模か——その算定にあたって、ヨーロッパ諸国にとってはまさに死活的な利害のある中心地から、わが国の現時の版図および将来の領土的野心が、距離的にへだてられているという幸運を考慮にいれてもよかろう。もしも、この〔距離という〕防壁に加えて、わが国が正当に主張すべき勢力範囲はどこまでかをわれわれ自身が現実的に認識し、その圏内における諸外国の利害に対して公正かつ誠実に対処するならば、〔諸外国も〕わが国がそこで占める優位に異論を唱えようとはしないであろう。

世界のあらゆる国々のなかで、わが国とその母胎である大国イギリスとの関係が、年々より緊密になることを、とりわけ切望したい。政体に関しては英米間に表面的な差異があるにせよ、その根底にある精神は基本的に同じであり、それゆえに、もしわれわれが、わが〔アングロ・サクソン〕人種を世界の海の覇者にする趨勢に頑迷にも逆行するようなことがなければ、必ずや両国民の関係はより親密になるであろう。このような目標を力ずくで達成しようとしても不可能であるし、たとえ可能であっても賢明ではなかろう。

しかし、その大成を切望して最善を尽くすことは、たしかに崇高な目的であり、はかりしれない恩恵をもたらすであろう。そのためには、わが国の明白な利益の要求にしたがい、まったく正当な行動を唱えるときでも、それを攻撃的もしくは傲慢な表現で主張する結果、不必要な障害をつくることのないよう、留意すべきである。

二〇世紀への展望

一八九七年九月

一世代あるいは一時代の終焉というものは——たとえ、それが人間の作り出した純然たる人為的所産であるとしても——あらゆる場合において強く人びとの想像力をかきたてるものだが、われわれの世代のように自意識過剰な世代にとっては、とりわけそうである。われわれの世代は自らについて「世紀末」という言葉を造り出して、時代を象徴する特性や趨勢を自覚しているのだという確信を表明している。こうした信念がどれほど浅薄で誤ったものにせよ、また現代の進歩の生み出す騒音がいかに耳を聾するときでも、われわれは自己がいったいどこから来、どこへいこうとしているのかを知っていると自負している。

いまや一九世紀は過ぎゆき、二〇世紀のなかに蘇らんとしている。では一九世紀は、どのようにして始まったのか？　現在どこまで進展しているのか？　将来どこへ向かおうとしているのか？

こうした設問に完全に答えるには、去りつつある今世紀を一巻の万国史に要約しなくてはならず、一編の雑誌論説や数編の論文では到底なしうるところではない。

本稿で取りあげようとする範囲は――それもまた、限られた紙面では手にあまるほど広いのだが――列国の国内事情ではない。また、現代の関心のきわめて大きな部分を占め、多くの人びとにとっては注意を向けるに値する唯一の問題だと思われている経済的・社会的趨勢でもない。これらの問題はもとより重要ではあるが、それだけがすべてだとはいえまい。たしかに、今世紀の物質文明の進歩は巨大ではあったけれども、それに劣らずめざましいのは、ヨーロッパ列国の間のみならず全世界の諸民族の間に起こった国際関係および相対的比重の大変化であろう。まさにこの角度から、筆者は与えられた課題と取り組みたく思うのである。

この視角を特定の一国に適用すれば、その国の対外関係を問題にしているともいえようが、本稿でめざしている、より広汎な観点からすれば、むしろ世界の将来を考察するものといえよう。この将来の姿は、すでに始まり現在進行中の事態の動向に予示されている。それはまた、現在ではおぼろげにしか識別できないが、いま食い止めておかないと、世界の政治的均衡にさらに重大な変動をもたらし、人類の福利に甚大な悪影響を及ぼす諸趨勢のなかにも示されている。

さて、本論に入るにさきだって、非常におおまかだが、次のように述べておくのが便利だろう。

一八世紀の巨大な植民地建設の運動がアメリカ独立革命によって頓座をきたし、大英帝国はその最も豊かな植民地を失うに至った。すぐそのあとにフランス革命が勃発し、次いで共和政およびナポレオン時代の破壊的な戦乱が続いたため、ヨーロッパ列強は海外（新世界への介入）の誘惑を退け、その関心を自国の内政に集中せざるをえなくなった。今世紀の初頭（一八〇三年）に合衆国がルイジアナを購入したことは、以上の事情を浮き彫りにするものであった。というのは、ルイジアナ購入の結果、北米大陸は外国によって植民地化されうる未開地域のリストから事実上、除外されることになったからである。

それから一〇年もたたないうちにスペイン領植民地で反乱が起こり、のちになって（一八二三年）モンロー大統領の宣言とキャニング氏（イギリス外相）の声明が発せられた。それにより、ヨーロッパからの干渉が阻止され、ラテン・アメリカ諸国の独立は確固たるものとなったのである。それ以来、アメリカ国民の大多数はモンロー大統領の方針を強力に支持しつづけてきたし、またモンロー主義もその後の展開によって強化されたので、ラテン・アメリカ諸国も合衆国と同様に、これ以上ヨーロッパ諸国によって――政治的な意味で――植民地化される危険性がいっさいなくなったのである。

今世紀はこうして開幕した。依然として人びとのエネルギーが海外に活動の場を求めていたことは疑いない。しかし、その主眼は新たな植民地を建設することではなく、すでに政治的に領有している土地を利用することであった。だが、それすら副次的なものにすぎなかった。一九世紀全体を通じての大事業というのは、自然の諸力を認識し研究し、それを応用して機械や経済の進歩という使途に供することであった。

こうして人が手に入れた新手段は、いまでこそわれわれに身近なものだが、発明された当初は非常な驚異であって、まず当然ながら各国で資源開発の利器として活用されることになった。それまでは、どの国でも人間が自然の恩恵を十分に活用することは不可能だったから、処女地はいたるところにあった。国内の各地でなすべきことは十二分にあったから、どの国でも人びとのエネルギーは国内に向けられた。したがって、当然、そのような時期は概して平和の時代であった。

なるほど大戦争はあったが、しかし、この国内発展期は、対外的に平和を維持するということが一般的な特徴であった。この間に人びとは、新たな機械力を駆使して国土の陸地面を大々的に変容させることに専念していた。

しかし、このような段階も、人間界の常として、過ぎ去る運命にあった。当然予測されたように、生産の拡大――経済学者の崇拝する偶像――は、新しい市場の追求をうながした。生活水準の向上、富の増大、人口の増加にともなう国内消費の増大も、蒸気機関によってもたらされた生産の拡大と運輸・流通の便益には追いつかなかった。

今世紀の中葉に至って中国と日本は長年の鎖国を破られ、少なくとも通商上の目的でヨーロッパ世界との交渉を開始するよう強いられた。この時代になると、海外で新しく政治的領地を獲得しようとする大規模かつ本格的な企てはほとんど跡を絶ち、列国はただ汲々として貿易拡張の新しい足場を求め、寸を詘《ま》げて尺を信《の》ばそうと狙っていた。さらに合衆国の人口と財源が増大し、イギリス領オーストラリア植民地が発展したことは、市場拡大の要請に応じる一助となったし、同じく中国や日本の開国も、その一つの現われにすぎない。したがって、この両国の開国は、機械的工程の発達や交通機関の拡張のもたらした産業全般の進展に付随する一現象といってもよい。

こうして一九世紀は絶頂を過ぎ、その終りに近づくにつれ衰退しはじめた。ヨーロッパ文明圏の諸国では戦争の風説が広まり、実際に数次の戦争が起こった。列強は興隆しては没落していき、列国の政治的影響力の順位が変動した。しかし、一方では、時代の主要な特質は依然として保たれ、今世紀の絶頂期かその直後に壮年期に達した政治家たちの間で、それはますます強力な固定観念になった。

純然たる経済的実利主義の立場から現状《ステイタス・クオ》を維持することが、次第に彼らの理想となった。ロバート・ウォルポール卿の唱える「静かなるものを動かすなかれ」がこれである。たしかに、この理想自体は一応尊敬すべきものであるとしても、しかし、列強が相互間の平穏を保つために、協調してギリシアやクレタを威圧するに至っては、その理想を崇高と呼ぶことは差し控えねばなるまい。さらに、その理想が単なる夢想としてではなく、真に実現性のある理念——合理的な可能性——としての意味で、はたして今後いつまで尊敬するに値するものでありつづけるのか、という問題が残る。

今日、多くの人びと（そのなかには近代の最も鋭い論客で、きわめて熱烈に世界平和を唱道する人士も含まれるが）は、次のように主張している。半世紀前にロシア皇帝ニコライ〔二世〕が平穏な事態を一時かき乱し、確固たる平和の樹立をめざして東南ヨーロッパの政治地図を塗り替えようと試みたとき、まさに彼こそ理性的な政治指導力——真に実際的な政治的手腕——の極致を示した唯一の人物であったが、これに対して、現状《ステイタス・クオ》の擁護者たちは、単なる御都合主義的な政治家の粗野な本能をむき出しにしたのだ、と。こうした現状固持論者が、あの不運な地域（ギリシアやクレタ）において平穏を——廃墟のもたらす平穏さえも——確保しえなかったことは、年ごとに明白になっている。

去りゆく一九世紀がわれわれに遺産として残した世界情勢の変革という観点からみると、ヨーロッパ列強が、現在達成されている平和と繁栄を今後いつまでも永続させようというのは、今日どれほど実現可能な目標なのだろうか？　平和と繁栄は、それ自体として結構なことではあるが、それは主として「人はパンのみにて生くる」という立場から唱道されているのである。さまざまな恩恵を与えてくれる、わが現代文明を存続させていくのに、軍備全廃が最も有望な手段だと考えられるほど前途の見通しは明るいのであろうか？

近年、軍備全廃を要求する声が不吉にも——ことさらに「不吉」と強調したいのだが——高まってきている。世界中の国が剣を鋤平《すきびら》に打ち直し、槍を鎌に改鋳して平和に徹する日の到来するのを心から待ち望む点にかけては、筆者は人後に落ちる者ではない。しかしながら、アメリカを含めてのヨーロッパ文明は、みせかけの空疎な平和に安んじてもよい気楽な状況に置かれているのであろうか？　いったん有事の際、国民の正義感の高揚にまつのではなくて、常設の国際司法裁判所——各国が自発的に従うべきものにせよ、国外の権威であり、いわば中世のローマ教皇制度の理想が近代の政策のなかに実現したもの——に安心して平和の維持を託してよいのであろうか？

二〇世紀の展望、その兆候はいかなるものであろうか？　未来をかいまみようとする際、人間の視力では、〝鏡でみるようにおぼろげに〟しか瞥見することができず、どの方向へ進もうとしているのかを確実にいいあてるのは不可能である。しかし、たとえその兆候の意味を完全かつ正確に理解しえないにせよ、兆候を認めることはできるのである。なかんずく私に確言できるのは、わがアメリカを除いて一等文明の班に列するすべての大国に、全般的な海外進出の衝動が認められる、ということである。

これに反してアメリカは、現在ではすでにヨーロッパ世界の一部になっているにもかかわらず、その外側に存在していた過去におけると同様、一八世紀当時の古い伝統に固く縛りつけられているため、平和と繁栄——安楽な境遇——を享受しているからという、もっともらしい口実のもとに、孤立主義の理想に凝り固まり、ヨーロッパ世界との利害の一致を認めまいとしている。

ところが、まさにこの利害の一致のゆえにこそ、ヨーロッパ文明の世界は、自らを待ち受けていると思われる未来――近い将来、遠い将来は問わず――に期待を寄せ、さらに進んで、積極的な姿勢で未来に直面しなければならないのである。わが国もまたそうすべきであり、いたずらに拱手傍観《きょうしゅぼうかん》していてはならない、と私は強調したい。

私のこの思想をもっと明確に表現するには、次のようにいうべきであろう。個々の対外事件がアメリカ国民の注意を喚起したときに示されたように、すでにわが国民の大多数には海外進出の衝動が芽生えている。しかし現在のところ、この衝動はまだ抑えられており、わが共和国の建国初期に定められた遺訓を墨守し、それに即して国策に関する見解を割り出す人士によって、今後も危険なまでに長いあいだ抑えられるかもしれない。

現時のヨーロッパ列国の海外進出の衝動は、約一世紀の休止ののち、ふたたび大々的に活動を始めたものであって、過去となんのつながりもなく突如として現われた単なる散発的現象ではない。その出現の前兆は、当時は気づかれなかったけれども、今世紀の半ばを少し過ぎたころから、すでに露呈していたのである。この同じ時期に、ヨーロッパ列国の海外進出に対応する巨大な現象として、東洋文明の諸国が激動を始めたが、いまでは十分明らかになっているこの動きも、同じく当時は感知されていなかったのである。

これは私自身に関する一風変わった思い出話だが、私が一八六八年に遠洋航海して横浜に滞在していたとき、たまたまハワイに船で運び込もうという一群の日本人の苦力《クーリー》の件に関して、ホノルルから郵送されてきたスペイン語の書簡を翻訳するよう委嘱されたことがある。この船付きの船医として乗り込むことになっていた人物は私の知友であったが、ひどい覚え違いがなければ、私がまだ横浜港に停泊中に、彼はその船で出航したはずである。

また、私が日本での勤務を終え、スエズ運河経由で帰国の途に上るに先だって、横浜から香港にいったときのことだ。同船者のなかに、〔南北戦争における〕元南部連合側の一海軍将校がいたが、彼の仕事というのは中国人の移住契約を香港で商議することだった。おそらく、一時的に黒人労働者に絶望して、中国人を南部諸州に移住させようとしたのだと思うが、いずれにせよ合衆国に移民させたことは間違いない。当時はほとんど注意をひかなかったこの企てが、はたしてわが国でどのような結果をもたらしたかは、いまでは誰でもよく知っている。

諸国の無意識かつ無抵抗の運動を目撃するのは奇妙なものだ。また同時に、自らの個性によってか偶然のためか、国家の指導者の高位に擁せられる羽目になった人びとを言論界の学者先生たちがさんざんにこきおろしているのを読むのも、これまた奇妙なものだ。ところが、これら政治指導者にせいぜいなしうることといえば、重力と同様にいつまでも逆らいつづけるわけにいかない諸力を、なるべく無害な方向に導くことくらいなのである。

ロシア皇帝ニコライの役割も、こうしたものであったろう。つまり、バルカン諸国における抗しがたい事態の進行にタイムリーな終止符を打つようにしむけること、である。一方、ニコライの敵対者たちはこの大勢に抵抗しようと試みたが、ただ事態を長びかせ険悪化させるのに成功しただけであった。

今日では、一派の人士はジョゼフ・チェンバレン氏の帝国主義的野望やセシル・ローズの略奪行為を愚行と見、かえってニコライに敬意を表している。しかし結局のところ、国家的権利の法律上の厳格解釈によれば、当時、トルコ帝国が「瀕死の病人」であるからといって、同国を死においやるいかなる権利がニコライにあったのだろうか？　その領土を占有していたのはトルコではないのか？　厳密に法的な観点からみて、トルコにはその国土の所管権も生存権もなかったのか？　そのうえ、国法上トルコ帝国の臣民である人びとに対して、自ら正義と考える措置をとる権利すらトルコ政府にはなかったのか？

しかしながら、人びとがあまりにも忘れがちな点は、法律なるものは正義の侍女にすぎないということ、また、世界の発展の現段階においては、もし正義を法の力で擁護できないときは、武力によって擁護しなければならないということ、そして究極的に法は、その制裁力はおろか効力をも武力に依存しているということ——以上の諸点である。

われわれは最近になって「緩衝国」という用語をよく耳にするようになったが、それは、たとえばイギリスとフランスの両勢力の間にシャムが介在して如才なく立ち回ったようなことをいうのである。

これに厳密な類比を求めるわけではないが、「緩衝国」という用語は、東洋文明と西洋文明との間に今日まで存在してきた相互の関係について、一つの概念をいい表わしている。

東西の両文明は以前は没交渉で、それぞれ別の世界を形成していたのだが、いまや両者は地理的に相接近しつつある。このこと自体、優に危険を生み出す要因と認められるのだが、さらにいっそう重大なことには、物質的利益の追求という共通の理念の点でも両文明が接近しつつある一方、それに対応すべき精神的理念については共感が生まれていないのである。

東西の二大文明の相違は、たとえばロシアとイギリスのように、共通の源泉から派生しているが発展段階が違っている、といった類のものではない。東西の両文明は根本的に異なった起源から発し、これまでのところ全然違った道を歩んでいる。

思想という最も重要な領域で、両者の間に調和をもたらすためには、一方——もしくは他方——の側に、発展ではなくて改宗が要求されるのである。近代ヨーロッパ文明がどれほどキリストの教えから逸脱し、その模範となるにはいかにほど遠かったにせよ、ヨーロッパ文明はキリスト教の加護のもとに成長したのであり、その精華はいまなおイエスの聖霊を発現しているのである。ところが東洋の思想家たちは、キリスト教の伝統に縛られることなくヨーロッパの物質的進歩を摂取できるのは、有利なことであってなんら害はないと考えているが、それは憂うべきことである。

彼らの考え方は、不可知論《アグノスティシズム》を奉じる〔ヨーロッパの〕国の人びとに一見似ていても、しかし、以前のキリスト教信仰から不可知論に転じた西洋人と、いまだ全然キリスト教に接したこともなしに不可知論を抱く東洋人とは、少なくとも現在のところは、雲泥の差があるのだ。

これまでキリスト教国として知られてきた諸国民にとって、将来何が支配的な精神理念となるであろうかという設問は、二〇世紀を予測するうえで問題とするにたりない。二〇世紀の末までに、信仰の傾向とか熱烈さとかいう点では、多少の変化がみられるかもしれないが、このような短期間のうちに宗教上の教理や実践がまったく一変するということは――それは必然的に信仰心の根本的な変革を前提とするであろうが――ありそうにもない。

キリスト教の影響力は、きたるべき世紀を通じて依然として持続されるであろう。このことは、数世紀にわたる名目的な信仰の時代を経て、キリスト教の教理や実践がようやく今日の水準にまで到達したという事実からみても確実である。衰退は勃興と同じく、ゆるやかな漸次的過程である。したがって、たとえキリスト教が東洋人の間に最大限度まで伝播すると仮定したところで、東洋の諸国民が国民全体としてキリスト教の信条に近づいてくるのも、また同じく漸次的であろう。

このキリスト教の信条は、まだ西洋の諸国民の本能的衝動を完全に制御しえないにせよ、強力に制約しているのである。しかし、もし今日多くの人士が主張しているように、われわれ西洋人の間で信仰がすたれており、将来さらに信仰心が地に落ちることになれば、また自制と正義を擁護していくうえで、啓発された利己主義および戦争は愚の骨頂という考え方より高次元の拘束が存在しなくなれば、戦争すなわち暴力の行使は、ただ利益の均衡が自らの側に有利に傾いているかぎりは不条理なものとされようが、いったんそれが逆転すると、戦争はもはや不条理ではなくなり、戦争への歯止めが失われてしまうだろう。

こうした事態に至れば、無法な国は実力の許すかぎり、自ら欲するものを奪取する挙に出るであろう。それはなにも高等政策上の目的遂行のためとか、法律を楯にとる好機が到来したとかいう理由だけではなくて、自らの所有しないものを手に入れる欲望を遂げたいがゆえに、あるいは単に武力を有するがゆえに、といった露骨な理由からなのである。

ヨーロッパ世界は、すでにそのような段階を経ているが、ある程度その災いから免れえたのは、次第に世論を尊重する気運が高まり、世論の占める政治的比重がますます大きくなったからである。これに反して、東洋の世界は同じ過程を経ていない。しかも東洋は、物質的進歩と政治的伝統とが結合して西洋に支配的勢力をもたらしたことをめざとく認識しつつあり、この認識とともに、支配力をめざす覇気が高まっている。

一八世紀のきわだった特徴をなす海外植民地の拡張過程が、フランス革命勃発のため長期にわたる休止を強いられたのと時を同じくして、国民的エネルギーの結集が、いま一つの驚くべき形で発露した。すなわち、巨大な近代的常備軍の創設であり、それは国民軍召集――人権宣言とともにフランス革命の遺産とされる国民皆兵制度――から発展したものである。常備軍の制度は今世紀の開幕とともに始まり、今世紀を通じて確立されていき、その末期になると現役および予備兵員数、編制、戦備のどの観点からみても完全な発達と実力を示すに至った。ただ経済家たち（〝経済学派〟）はこの発展をたえず慨嘆しており、常備軍の存在を非難し、その廃止を要求している。

市民の自由が増進し強固になるのと並行して、軍隊もまた発展し強大化してきたのである。疑いもなく政治的自由が長足の進歩を遂げた反面、今世紀が時代の特筆すべき成果として大常備軍を発達させたという現象は、各方面で確信をもって主張されているように、人間活動の倒錯もしくは堕落としてかたづけてよいものであろうか？　あるいは、きたるべき時代の前兆がそこに示されており、本稿で列挙したような他の諸兆候との関連において考究されるべき問題なのであろうか？

これら大軍隊が世に及ぼす影響は、いかなるものであったのか？　疑いもなく、それは多方面にわたっている。その経済的側面については、生産の縮小および人びとの時間や生計に対する負担が指摘されるが、これらの不利益や害悪は日ごろ喧伝されているので、ここであらためて繰り返す必要もなかろう。しかし、大軍隊の維持にもなんらかの利益、損得を勘定したとき、プラスとして残るものはないのだろうか？

現代のように権威の力が日ごとに弱まり、社会的拘束がゆるみつつある時代にあっては、一国の若者に、戦さに勝つための必要条件として規律や服従や畏敬の念を教え込み、身体の均斉ある発育をはかり、忍従や勇気や男らしさといった理想を植えつける軍事教練を体験させるのは、無意味なことであろうか？

田畑や街頭から腕白少年たちを駆り集め、彼らよりも知的な経験のある先輩といっしょに集団生活を送らせ、心と心の触れ合いを通じ協同して働き行動することを教え込んだのちに社会に送り出すのだが、無法ということがいわば至徳にまで高められた観のある今日、焦眉の急とされている政府官憲への尊敬心を、彼らが市民生活にもち帰るのは、無意味なことだろうか？

はじめて教練を受けた徴募兵の粗野な言動と、教練を終了した兵士の俊敏な表情や挙止とを対照してみると、いろいろ有益な示唆や教訓に富んでいる。軍事教練というものは、功利主義者の一派が唱える説とは逆に、活動的な実生活に入る準備としては悪いものではなく、その点では、大学で過ごす数年が時間の浪費でないのと同様である。列強が相互の軍事力を意識して慎重にふるまうようになったため、戦争が以前ほど頻繁に起こらなくなり、平和がより確実に保障されることになった。また、ひとたび戦乱が起こっても、軍備が整っておればより迅速に事態を鎮静することができ、平和の常態に復帰するのもそれだけ早く、また容易になる——それでも論者は、戦備や軍隊を有害無益の長物と呼ぶのであろうか？

一世紀ほど前まで、戦争は慢性的な災難であった。これに比べて今日では、戦争の勃発が稀になったばかりか、戦争はときたまの逸脱であるから平和の常態に復するのもまた容易である、といった様相をむしろ強めている。

さらにそのうえ、軍人精神は、兵士がただの傭兵にすぎなかった時代よりも、はるかに広汎に普及し、また確固たるものになっている。この軍人精神すなわち尚武心なるものは、大義名分のために勇んで戦うという気構えだけではなく、実際に戦争準備を固めておくことを意味し、それは明らかに望ましいことなのである。いまや戦争は、君主に仕える騎士の間で争われるものではなく、国民と国民との戦いとなり、国民全体を武装することが必要になっている。

そこで、将来を予測するに際し、時代の兆候として私が詳論した問題は、以下のとおりである。まず、フランス革命直前の一〇年間に、政治的植民地を拡張しようとする動きが阻止された。その後四半世紀にわたり、ヨーロッパ列強は主として政治問題・ヨーロッパ問題をめぐる世界的戦役に没頭することになった。そして平和が到来すると、石炭と鉄の時代、機械と産業の大発達の時代が始まった。この時期の最も顕著な特徴は、侵略的な植民地獲得ではなくて、すでに領有している植民地の開発および新しい貿易中心地——なかんずく中国と日本の市場——の発展ということであった。

そして今世紀末に至って、宗主国はふたたびその政治的植民地の拡張に鋭意専心するようになったが、それには、世界各地における旧来の植民地の住民からの強力な要請によるところも大きい。オーストラリアと南アフリカのケープ植民地の政治的不安定が、同地方に対するイギリスの進出の重要な要因であったことは疑いない。以上のような一連の動きと時を同じくして、ヨーロッパでは大常備軍、というよりはむしろ武装国家の発展がみられた。
そして最後に東洋が胎動しはじめ、西洋諸国の利益範囲に闖入してきたのである。もはや東洋は、西洋勢力による侵略の対象という受動的な存在ではなく、それ自体の活動力をもつものになった。それはまだ明確な形をとるに至っていないが、きわめて重要な現象である。以前は死せる状態とはいかないまでも不活動で停滞していた東洋において、いまでは動きと活気が誰の目にもはっきりと映るようになっているのである。東洋について次のようにいえることは、もう二度とあるまい――。

雷の如き轟音を立てて軍勢が行進するのを聞いたが、すぐにまた黙想に没入していった。

なかんずく日本の驚くべき発展は、このことを最も明らかに示す証拠である。またインドにおいては、以前のような反乱（セポイの反乱のようなイギリス官憲に対する大暴動）が再現されることはありそうもないとはいえ、政治意識にめざめつつあり、どれほど恩恵的であるにせよ外国による統治に対する不満が募り、自らの民族性をより自由に発展させたいという要求が高まっていることを示す兆候は十分にある。このような運動は、西洋の物質文明や政治制度の利点を十分に認める理性的な運動であるために、以前の蜂起と比べると、それほど直接的な脅威ではないが、将来の大変動の前兆としては、はるかに不吉な様相を呈しているのである。

中国の事情について、われわれの知識はさらに乏しいが、多くの観察者は中国の国民性が巨大な潜在能力を内包していることを証言している。これまでのところ、それは型にはまった伝統を墨守しようとする惰力の根強さのなかに主として示されてきた。しかし、この保守的な国民においてさえ、型にはまった伝統は、すでに一度ならず覆されている。

中国人の保守主義は、諸外国の盛況について無知であることに大きく起因しているが、またそれは中国民族の並はずれた持久力、意志の強固さ、忍耐力や生命力の強さ、といった中国人固有の人種的特性にも、密接に関連しているのである。個人の物質生活を向上させたいという願望にかけては、彼らはけっして無頓着なわけではない。

ところで、最近の日本との戦争（日清戦争）中に中国の国家組織がそのあらゆる部門にわたって崩壊したが、それは予想外にひどかったにせよ、予測されないことでもなかった。しかしながら、中国の惨敗は、その人的資源の動員のしかたが拙劣をきわめたというだけのことであって、その潜在力は最上級のものであるという事実――つまり、中国の人口は巨大で同質的、しかも急速に増加しているという事実――を変えるものではない。

最近ではトルコ軍の復興という一事に徴しても、中国が近代的組織化を遂げて、その潜在力を十分な軍事力に転化させていく可能性は多分にあると考えられる。しかも、このような考え方はきわめて単純明快であるだけに、いとも容易に理解されるものである。

ひるがえって日本人についてみると、彼らは〔その近代化に〕偉大な能力を発揮したけれども、これといった障害に遭遇しなかった。というのも、人口四〇〇〇万の島国である日本を動かし制御する方が、その一〇倍もの人口をかかえる巨大な大陸国である中国を動かし制御するよりも、はるかに容易だからである。

日本と比べて中国の発展が緩慢だ、ということは断言できようが、数々の点で多様性をはらむ中国をこれまで長い間とにかく一国として統合してきた諸要因が、将来においても堅固な国民的団結を保障するであろうと予想される。そして、この挙国一致の感情は、巨大な人口とあいまって、中国全体の運動に恐るべき重要性を付与することであろう。

以上、時代の特に顕著な特徴をいくつか選んで論じてきたが、これらの特徴が、人類のさまざまな活動に満ちた今世紀の趨勢全部を要約するものだとか、将来を展望するにあたり重要視すべき兆候をすべて網羅するものだとか主張するのは、もとより無理であろう。しかし、次のように述べても誤りではなかろう。

すなわち、本稿で私が論じてきた諸要因は、比較的遠い将来を予示する兆候であるために、それほど重要でない他の要因に比べて軽視されている。さらに、これらの兆候のうちでも、今日とりわけ顕著なもの（常備軍や戦備の充実）は、その存在自体が、〝経済学派〟を自称する政治思想家の一派にとって、憤慨、批判、非難の対象となっている。この学派は、今世紀中葉の産業発展の時期に生まれた思想の一つを展開させたもので、いまなお活気を呈しているが、あらゆる問題を生産と国内発展の観点からみるのである。

今日この学派は世界中に強力な影響を及ぼしているけれども、その主張がアメリカほどなんの制約も受けずに横行し害毒をまきちらしているところはほかにない。その一つの理由は、わが国と力を競い合うような隣国が近くに存在しないために、軍備充実は差し迫った必要でなく――脅威が遠方にある場合の常として――ほとんど注意をひかなかったということ。もう一つの理由は、わが国の大資源がわずか一部分しか開発されていないために、海外活動に乗り出そうとする衝動が表面化していない、ということである。

ヨーロッパ世界が海外から国内の情勢に目を転じたのと同じ時期に、また同じ理由で、アメリカ国民もまた、今世紀初頭に富を獲得した海外活動から国内へと方向転換をしたのである。この内向的傾向は、政治面においては南北戦争のために一段と顕著になり、周知の地理的条件によって強化され、今日に至るまで続いている。

ヨーロッパ大陸と比べてアメリカは、はるかに広大な領土をもち、未開の自然状態を残しており、おそらく資源も相対的に豊富なのに、人口はヨーロッパ大陸よりもはるかに少ない。それゆえ、わが国はきわめて大量の移民の流入にもかかわらず、国内発展を完成させる事業において大きく遅れをとっており、またその同じ理由のため、今日ヨーロッパ諸国民の顕著な特徴となっている海外進出の衝動にまだめざめていないのである。

わが西洋民族の全般的な〔海外進出〕運動からアメリカが孤立して取り残されていること

は、それ自体検討する必要のある問題である。

わが国の政治家やジャーナリストの間には、もっぱら国内問題や経済問題のみに関心を向け、軍事力の編制や維持に関する提案を拒否したり、国内でなすべきことが十二分にあるということを口実に、わが国の影響力を海外に伸張する計画を非難したりする人士がいるが、すでに述べたような理由からみて、彼らの主張する政策は安逸を好む近視眼的なものである。いかなる国といえども、個人と同様、単独で生存しえないことを、彼らは忘れているのである。

彼らの説く政策は、二世代も昔の先人たちよりも遅れたものである。これら先人たちは、純経済的な観念がマンチェスター学派の政治家のもとで優位を占めるようになる前に成年に達していたので、その悪影響によって政治感覚を麻痺されることはなかった。しかし、当時その支配的影響のもとに育った青年がいまなお生き長らえているため、時代遅れの経済思想が依然として横行しているのである。

本質的に過去の遺物でしかない思想を抱く人士によって支配されるというのは、どの世代にとっても宿命だが、その反面、たしかに有益な面もある。というのは、国家的行動の連続性がこうして保たれ、その激変や断絶が緩和もしくは回避されるからである。しかし一方、こうした状況は、ややもすれば現代に生きる人びとが今日の気運をみる目を曇らせることになる。なぜなら、為政者たちは、自分たちの若き日から引き継いだ古い思想傾向に固執し、それにもとづいて国政を運営しようとするからである。

本稿を記している現時点でアメリカの一新聞をみると、クレタ島問題（一八九七年、クレタ島の内乱にギリシアが武力介入したのに対し、ヨーロッパ列強が停戦勧告して収拾をはかった事件）に対するソールズベリ卿の措置と、ヨーロッパ協商の失敗に関するグラッドストーン氏の筆鋒鋭い書簡との間に、きわだった相違があると書いてある。しかし実際のところ、イギリスの二大政治家は、伝統的に相対立する政党に属しているとはいえ、両者とも今世紀中葉の思想に染まっているのであって、それに支配されるあまり、平和の攪乱を最大の悪とみなすのである。

もしグラッドストーン氏がいまなお働き盛りで政権を握っているとすれば、彼の目に平和維持こそ至上の目標と映じるであろうことは疑いない。たしかに、彼はギリシア人に同情するだろうが、その点ではソールズベリ卿もまた同様なのである。しかし彼は、ヨーロッパ協商によってのみ戦争が回避できると信じているかぎり、この協商を維持しようとするであろう。これに反して、現在イギリス人の間に芽生えつつある思想に共鳴する〔若い世代の〕人士が政治の活動舞台に立つときになって、ようやく政策の変化がみられるであろう。

わが国においては、これと同様の思潮が南北戦争以来、ひきつづき支配的であった。

南北戦争――それは、アメリカ革命の名で呼ばれる一三植民地の独立戦争よりも、その結果の重要性からいうと、はるかに正真正銘の「革命」であった――は北部南部を問わずアメリカ国民の目を対外問題から国内の抗争に転じさせ、国民は激烈な情熱に燃えて心魂を内戦に傾けることになった。その一方は南部諸州の独立達成という、心をふるい立たせる希求によって鼓舞され、もう一方の北部側は〔合衆国の〕統合《ユニオン》を守るという崇高な理想によって戦意を高揚したのであった。しかしながら、南北戦争はその政治面に関するかぎり、当時すでに過ぎ去りつつある世代の人びとによって指導されていたのであった。

戦争終結後、彼らはその青年時代に影響を受けた昔の思想に立ち返り、威嚇手段によってナポレオン三世をメキシコから放逐し、またアラスカを獲得、さらにデンマーク領西インド諸島（ヴァージン諸島）やドミニカ共和国のサマナ湾購入の交渉を行なった。これら新領土獲得の試みの当否はとにかく――筆者は、その動機には共感を寄せても、軍事面とりわけ海軍の見地からみて疑義をはさむものであるが――こうした企ては、相当年配の人士の間に、かつて青年時代に影響を受けた伝統的思想がまだ残存していることを示す事例として非常に興味深い。

しかし、当時続々と権力の座につきつつあった次の世代の人びとにとって、それは異質の思想であり、彼らは領土拡張の企てを拒否し、それを挫折させてしまったのである。

そしていまや、この世代もまた次第に舞台を去りつつあり、その跡を継ぐ新しい指導者が進出してきている。後者のもたらした新思想のなんらかの兆しが、その言説のなかに看取されるであろうか？　また、世界全局の精神のなかに、彼らの熟考すべき兆候が示されているであろうか？

そして、おそらくいっそう重要なのは、次の点である。政策が固定的な路線に硬直化してしまい、将来長年にわたって国民の福利を左右するようにならないうちに、わが国の政策を形成し修正していくにあたって指導者の留意すべき兆候が、外部の世界の状況のなかに認められるであろうか？

去りゆく世代の一員として筆者は、以上のすべての設問に対して、「しかり、その兆候を認める」と答えよう。しかし、とりわけ筆者の注意をひくのは、おそらく生まれつきの性癖のためであろうが、この最後の質問なのである。

人間界の栄枯盛衰のなかで——その神秘的な原動力を、ある人は人格神に求め、また他の人はいまだ十分に解明されていない宇宙の法則に求めるのだが——人類はまさに新時代の開幕に際会しているように筆者には思われる。すなわち、東洋文明と西洋文明のどちらが地球全体を支配して、その将来をコントロールすることになるか、という重大問題を決定的に解決すべき時機が到来したのである。

教化されたキリスト教世界に課せられた偉大な任務——この使命は達成されねばならず、さもなくば滅亡の道しかないのだが——とは、それを取り囲んで圧倒的に人口の大きい種々の古来文明、とりわけ中国、インド、日本の文明を懐柔し、それらをキリスト教文明の理想にまで高めることなのである。この使命はさまざまな形態をとるが、その最も顕著なものとして、イギリスが常に剣を手にしながらインドで果たしてきた使命があげられる。だが、それは単なる一例にすぎない。

　これまでのところ今世紀の歴史は、わが西洋文明が東洋の旧文明に対して圧力をたえず加重していく過程であった。ところが現在では、世界のどの方面に目を向けても、いたるところで東洋の旧文明は何世紀もの長眠から覚醒し、おもむろに活動しはじめている。まだ完全にめざめたわけでなく、明確な形もなしていないが、それは本物の覚醒である。また東洋諸国は、その長年の安眠を荒々しく破った西洋文明が、少なくとも二つの点——力および物質的繁栄の点——で自らにまさっていることを意識している。そして力と物質的繁栄こそ、宗教的精神に欠ける国々が最も渇望しているものなのである。

　このような趨勢の最終的にいきつく先は、はたしていかなる事態なのであろうか、それは予言するだけ無駄であろう。推測のためのデータすら入手できないからである。しかし、刻下の状況を考究することにより、今後とる行動について配慮すべき問題点の手がかりを得ることは、けっして不可能ではない。西洋文明の優位こそ、わが人種のみならず広く世界全般にとっても、将来への最も明るい希望を抱かせるものと考えざるをえないのだが、西洋の優位を強固ならしめるためには世界の現状を正しく認識してかからねばならない。

　われわれが住んでいる世界は完全無欠なものではない。したがって、完全に理想的な手段でもって不完全な状況に対処することは期すべくもない。われわれは、荒々しくて不完全ではあっても、けっして不名誉ではない万物の裁決者、すなわち武力――潜在的軍事力および組織化された兵力――によって西洋文明のために時間をかせぎ持久力を養わねばならない。人類の波乱に富んだ歴史において、いままでのところ武力は他の何よりも確実に正義の勝利を保障してきたし、現在でもそれは同じことである。

西洋文明のもつ物質的利点を東洋諸国は容易に把握し、貪欲にそれを摂取することであろう。ところが一方、われわれの思考を支配している宗教的理念（キリスト教の正統的信仰をも、キリスト教国の普遍的教義をも認めない西洋人の間ですら、その行動に大きな影響を与えている精神的理念）については、東洋諸国は今後も長らくこれを受け入れようとしないであろう。この場合にも「最初は物質的なもの、そののちに精神的なもの」という永久不変の法則があてはまるが、それは個人の生涯と同じく、西洋文明の長い歴史によっても立証される。

物質的な関心から精神的な関心へと移行する間に過渡期があり、この期間には、思想の次元を異にし共通の規範のない二文明間のバランスが乱される危険に備えて、武力行使の用意がなければならないのである。

しかも、よくいわれるように、もし西洋において宗教心が日々に衰えつつあり、また西洋文明の礎石をなす精神的信念――昔は悪の砦を打ち壊すのに偉力を発揮した宗教的信念――の喪失に向かっているのであれば、軍備の必要はなおさらのことである。

かつて中世のキリスト教会は、その数々の欠陥や僧侶たちの短所にもかかわらず、ローマ帝国の退廃と蛮族の侵入という事態に直面して偉大な役割を果たしたのだが、われわれが今日そのような状況に立ち至れば、教会にかわって大任を全うしてくれるのはいったい何であろうか？

もしわれわれの文明が、俗世の願望と執着しか念頭にない単なる物質文明に堕落してしまうなら、われわれ自身を、いわんや他の人びとを救ってくれるものが何であるのか私は知らない。しかし、最終的にはわが文明が外部からの侵略の大波にのまれてしまうにせよ、あるいはまた、襲来する大群をわれわれの強い信仰力で、首尾よくわが西洋文明の理想に帰依させるにせよ、そのいずれの場合でも、われわれは時間を必要とする。そして時をかせぐには、組織化された物理的な力、すなわち武力によるほかないのである。

だが、以上のような見解は、わが西洋文明と本質的に異質な東洋の旧文明に対する敵意から主張するものでは毛頭ない。神は地球全土に住むあらゆる国の人びとを同じ人間として創り給うた、と信じている者なら、異人種に対して嫌悪感がうずくのを自制し抑圧しないではいられない。しかし、ローマがカルタゴを壊滅させたのは人類にとって幸運であったと認めるからといって、ただちにカルタゴを憎まねばならないということにはならない。

ポエニ戦争の数十年後にカエサルの雄才が現われて、ローマ帝国の版図を大幅に拡張し、ローマ文明および政体の支配範囲を拡大し、その植民を促進し、外部の防護を固めたことは、現在のわれわれも、どの時代の人びとも感謝してよかろう。なぜなら、ついにローマの命運の尽きる日が到来し、ローマが世界を作り変えたその征服のショックによって、こんどはローマ自身の勢力が動揺をきたし、崩壊する羽目になったとき、その最終的な没落の過程が、上述の強固な対外的防備のため数世紀にわたって長びいたからである。

ローマは崩壊したといえども、そのローマに攻撃をしかけた蛮族がローマ帝国の遺産を受け継ぐことになったとき、もはや彼らは外夷・異邦人ではなく、すでにローマ思想の精華によって感化され、ローマ法とキリスト教信仰に帰順していたのである。

モムゼンは次のように述べている。

「ローマ元老院やローマの街角における政争のごとき政治的利己主義に明け暮れた醜態から目を転じて、歴史の進路を大観してみよう。

われわれは、一大事件が――その余波は今日もなお世界の運命に影響を及ぼしているのだが――まさに起こらんとする時点に立ち、試みにわれわれの四囲を観望し、世界史の大勢との関連においてこの歴史的事件をとらえる観点を示しておいてもよかろう。つまり、今日のフランスにあたる領土のローマによる征服、そしてローマ人とドイツやイギリスの住民との最初の接触を、かかる大局的観点から考究するのである。……ハンニバルのアルプス越えの戦役によって偉大なケルト民族が滅亡したということは、この壮挙のもたらした最も重要な成果ではなかった。

かかる消極的成果よりもはるかに重大なのは、積極的成果であった。もしローマ元老院の支配がさらに数世代の余命を保っていたならば、いわゆる〔ゲルマンの〕民族大移動が実際よりも四〇〇年早く——ローマ文明がガリア地域やダニューブ河流域あるいはアフリカやスペインにまだ移植されないうちに——起こっていたであろうことは疑いをいれない。

カエサルはギリシア＝ローマ世界の強敵がゲルマン諸族に存することを看取していたので、断固として新しい攻勢的防衛体制を、その細部にわたって確立した。そして、帝国の辺境地帯の民に河川や人工の塁壁によって外夷を防ぐ術を教え、また辺境に沿って最も近くに住む蛮族を教化し懐柔することで、遠隔の蛮族からの攻撃を防ごうとし、さらに敵邦より壮丁を徴募してローマ軍を補充したのである。かくしてカエサルは、ギリシア＝ローマ文明がすでに東方を教化したのと同様に、西方を教化するのに必要な小康の間を得たのである。

……アレクサンドロス大王が東方に短命の王国を築きあげるにとどまらず、ギリシア文化をアジアに弘布したことを世人が理解するに至るのは、その後数世紀を経てからであった。また同様に、カエサルがローマ人のために新領地を征服するのみならず、西方の諸地域をローマ化するための基盤を築いたということも、数世紀を経てからようやく理解されるに至ったのである。軍事的観点からみれば軽率きわまるもので、直接の成果からみても不毛であったローマ軍のブリタニアおよびゲルマン遠征の真の意義がようやく把握されるに至ったのも、はるか後世になってからである。

……ギリシアやローマの往年の栄華と、近世史の誇りとする諸成果とを連結する橋梁を架したのは、はたして誰の所業であるのか？　今日、西ヨーロッパがローマ文化を継承しており、中央ヨーロッパがギリシア古典文化の影響下にあるのは、誰の所業によるものか？　またテミストクレスやスキピオの名がアショカ王やサルマナサの名よりも人口に膾炙《かいしゃ》しており、ホメロスやソフォクレスが、ヴェーダ（バラモン教の聖典）やカーリダーサ（四〜五世紀ごろのインド、サンスクリット語の詩人、戯曲家）のごとく、いわば文学の花園のなかで単に植物学者の好奇心しかひかない品種ではなく、われわれの自邸の庭園で咲き誇っている美花の観を呈しているのは、はたして誰の所業によるものであろうか？——これらはすべてカエサルの偉業にほかならない」。

往々にして歴史は、カエサルのような偉大な人物の行動のなかに、将来への見通しを具体的に予示することがある。だが、歴史の深層における変動は、その源泉も動因もつきとめられない衝動から生じることが多い。とはいえ、一連の行動を貫く連続性は識別しうるし、その結果を正確に示すことも可能である。

たとえば、外辺の諸蛮族がローマ帝国に襲来するのを推進した人びとの動きは判然としないけれども、そのなかで何人かの実力者の名前が浮かび上がってくる。しかし、ごく例外的な場合を除いては、彼らは激流に翻弄される代表者にすぎない。せいぜいのところ、彼らは民衆を代表していても統治する者ではなく、大衆の案内人ではあっても支配者ではないのである。

現在でも、だいたい同じことがいえる。ヨーロッパの文明諸国は、比較的平穏な小康期ののちに、ふたたび四方に前進を始めており、世界中の無人地域を占有するだけでなく、係争中の地域つまり緩衝地域まで占領しようとしているのである。従来これら緩衝地域によって、ヨーロッパ諸国は〔東洋の〕旧文明の諸国から隔離されていたのだが、まもなく後者と互いに境界を接して相対峙せざるをえないようになる。しかし、この巨大な世界的動向が、カエサルのような一英雄あるいは二、三の実力者の思想（無意識の思想も含めて）を体現し、それに導かれているなどと、誰が断言できるだろうか？

この世界的運動の原因を何に求めるにせよ——人間の生存目的を定め給う人格神の摂理といった単純な考え方をするにせよ、あるいはいっそう錯綜した究極的原理にその原因を求めるにせよ——けっして特定の個人の力に帰すべきものではない。諸民族が移動するのは、必然的な力に駆られるからであり、それはあたかも〔海に向かって大移住する習性のある〕スカンディナヴィア産の旅鼠の大群のようなものである。

しかし人間は、ただ生まれて死んでいくだけの獣類とは違って、知力を備えているのだから、「どの方向に歩みつつあるのか」「そのいきつく先は何か」と自問することができるのである。

現在の趨勢は、はたして世界平和や軍備全廃、あるいは常設国際仲裁条約の実現に近づきつつあるのだろうか？　東西間の生活習慣や思想的伝統の対極的な相違を互いに容認し、かえってその相違に喜びを感じるようになるまで、相互理解が急に深まるという前兆が認められるのであろうか？　このように急速な文化受容が、今日、東洋人と西洋人が相接触するところで、はたしてみられるであろうか？　両者の接触は、巨大な陸海軍がただちに無用の長物と化すことを予示するものであろうか？　またそれは、現在では陸海軍という形をとっている、組織化された力を全廃するのが賢明な道だと明示するものであろうか？

そこで、起源を異にし、人種的特性の進化も根本的に違っているため極端に異なった東西の両文明が、なんらの緩衝地帯も介在しないところで相対峙するときは、実際どういう状況になるであろうか？　このような緩衝地帯が介在するときは、両文明の対照が薄れて、さほど目立たなくなり、その差異も徐々に中和されることになるのだが――。

しかし、他方（東洋諸国）の側をみると、数のうえでは圧倒的な優位が認められる。この億万の大群はいまのところ集団的な結合力を欠いているが、それを構成する個人の素質についてみると、自然淘汰の場裡で他人に打ち勝ち適者として生存しつづけるための強大な実力を多分に有している。

明らかに彼らは、これまで政治的・社会的組織力に欠けていたために、共同体としての総合的勢力と広汎にわたる知的能力とを十分に発展させることができなかった。しかし、いまや彼らは、自ら発明しえなかった多くのものをわれわれ西洋諸国からすでに摂取したのと同様に、この教訓をも学びとることであろう。つまり、われわれと比べて彼らが物質文明の発達において劣っているのは、主としてこの組織力の欠如に起因する、という教訓である。

しかし、人間というものは、自らの手で富栄を築きあげえなかったからといって、富栄を切望する気持ちがそれだけ薄らぐものでもない。この点に侵略的な社会勢力としての共産主義の強みがある。

大きな野望を抱き、しかも欲するものを入手する手段として暴力しかない場合、その共同体は力ずくで抑制されないかぎり、暴力をふるってそれを略奪しようとするであろう。たとえ、カエサルのような達観者が外敵の襲来に備えて防壁を築いていても、億万の大群が洪水のように防波堤を押し流してなだれ込むという事態は、世界史上に前例のないことではない。そして、防壁を等閑視して放置し、それを死守する者がいなくなったとき、ますますこうした事態になりやすい。その危険は、先祖たちの誇り高い戦闘的精神や好戦的習性がすたれ、そのかわりに軍備放棄を叫ぶ声が高まったときに増大するのである。

それにもかかわらず、上述のような状況のもとですら――かつてローマ帝国の衰亡期に、こうした事態が日ごとに悪化したのだが――われわれは適切な戦略要地を選んで占守し、適切な範囲までフロンティアを拡張することによって、惨事の到来を大幅に遅らせ、時間をかせぐことで惨禍を最小限に食い止め、もって全般的結果を世界に有利な方向へ転換することができるのである。それゆえ、われわれがすでに占めている要地の真価をめざとく認識し、さらに進んで機に臨み、どの方面に新しく占領地域を拡張すべきかを見抜くことこそ、至上の急務なのである。この点に、今日のヨーロッパ諸国の巨大な海外進出運動の意義、少なくともその一端がある。

意識的にせよ無意識にせよ、ヨーロッパ諸国はわが文明の前哨地点を前進させ、その防衛線を強化しているのである。それによって、わが文明の生存が可能になるのであり、最悪の場合でもわが文明は、過去よりも明るい未来をもたらせるよう世界の気風を感化してしまうまでは滅亡しないことを保障されるであろう。それはあたかも、ローマ文明が衰亡前にゲルマン民族の征服者たちを教化して向上させ、今日に至るまで彼らの子孫をローマ文明の恩恵に浴せしめているのと同様の役割であろう。

以上が、われわれの一般に「旧世界」と呼ぶヨーロッパにおける動向である。

一九世紀がまさに終幕しようとしている今日、すでに往時の形勢は一変し、新時代の潮流が激しく勢いを加えている。われわれの前途に横たわる事業は巨大であり、いますぐ着手してもけっして時期尚早ではない。

われわれアメリカ人の関心と懸念、希望と恐怖とが深く結びつけられているヨーロッパ世界の文明は、広大な領土と人口をもつ外部の世界と対照させると、あたかも砂漠のなかのオアシスのような存在なのである。ヨーロッパは世界で最も崇高な文化、最高の知的活動の中心地であり舞台でもあるが、それが他の地域をしのいでいるのは、むしろ政治的発展および物質的繁栄においてである。

そして後者は、ヨーロッパ文明の諸国民が商業においても戦争においても発揮した強健なエネルギーの所産である。このエネルギーを活用するうえで、過去五十有余年に飛躍的に発達した機械や科学の利器が有力な手段となり、その結果ヨーロッパの繁栄は何倍にも増大したのであった。また同時に、ヨーロッパ文明圏内にある人びとと、その圏外の人びと――この利器を活用する機会も能力もなかった人びと――との間の物質的貧富の懸隔も何倍かに増大した。

こうして西洋の富が抜群になるにつれて、軍備撤廃の声も起こってきている。その主張によると、あたかもヨーロッパにかぎらず全世界における列強の競争がすでに終わりを告げ、世界平和の目標が達成され確立されたかのようである。しかし実際には、われわれの国内の恵まれた状況のもとでさえ、警察と呼ばれる物理的力の特殊な組織を解除してよい情勢にいまだ達していないではないか？〔ましてや、相対立する列強間において、武力の撤廃は考えられない〕

ヨーロッパ大陸における諸国間の嫉妬や軋轢にもかかわらず（あるいは、むしろそれゆえに）、ヨーロッパ世界が一家族として一致団結しているということは、この共通の大運動――海外進出――によって示されている。究極的にこの運動が異邦人に恩沢をもたらすことは、インドやエジプトにおけるイギリスの統治をみても疑う余地がない。そして、武力の行使は海外進出に役立つだけでなく不可欠なのである。

現在のところ、インドとエジプトはイギリスの統治下で無数の永続的恩沢に浴している最も顕著な二例である。これらの恩沢は、啓発された正義の治者の手中にある剣の威光によるのである。もちろん、この結論に挑戦せんと詭弁を弄し、イギリス人がインドやエジプトで犯してきた非行や失策の末梢的なことをくだくだしく述べたてることもできるが、それは真の問題点を混乱させるだけであろう。

人類が進歩を求めて奮闘する過程で展開されるエピソードは、このように明暗両面の錯綜したものになる。しかし、大局的にその結果を達観するならば、インドやエジプトにおいて達成された、人類にとっての巨大な進歩は、そもそも組織化された物理的な力の行使によって可能になったのであり、いまなお武力の維持に大きく依存している、ということに論争の余地はない。

外部の世界に対抗してヨーロッパ列国がこぞって結束するという傾向は、ともに植民地化運動を再開したことにも無意識のうちに示されている。この傾向を、とりわけ意識的かつ具体的に表現したものが大英帝国連合論であり、この構想はさまざまな打撃や不運に遭遇しながらも、イギリスの国民とその植民地の人びとの世論のなかにきわめて広く受け入れられるようになったのである。

そのような傾向のめざす目標を達成するためには、大きな実際的な困難が克服されねばならないが、しかし、それは古今東西にわたる人事の常である。人はこの壮図を実現不可能だとして冷笑を浴びせようとするであろう。

また同様に、合衆国が併合もしくは他の手段でその領土を拡張しようとするいかなる計画に対しても、気乗りのしない消極派や心配性の人士は必ず、その前途に合衆国憲法上の制約という難関が横たわることを発見し、反対論を唱えるであろう。しかしながら、なかなか不可能と認めようとしない、ある人物の言を借りて応答するならば、「いやしくも一事を達成する必要があれば、障害が重なれば重なるほど、万難を排して猛進する努力が必要になる」のである。膨張の気運が高まるにつれて、障害は切り崩され、やがて崩壊するに至るであろう。

西洋文明諸国の結束という趨勢は、また近年イギリスの国民および政治家が合衆国との友好感情を求め、両国関係の密接化をはかろうという明白な態度を表明していることにもみられる。バルフォア氏は、このような趨勢の底流をなす思潮を称して、「人種的愛国心」という言葉を用いた。

さしあたりこの表現があてはまるのは、なんといっても英語使用民族であろうが、ゆくゆくはその範囲を広げて、昔同一の源泉から派生して今日の文明を築きあげてきた「他の西洋」諸国民にも、この言葉をあてはめてよいときがくるであろう。筆者のみるところでは、「人種的愛国心」という辞句には、将来の大問題を解明するヒントが充満しているので、この言葉に表わされる理念の重要性に釣り合うだけ、それが広く一般に使われるようになることを望みたい。

イギリスの自国植民地およびアメリカ合衆国に対する態度が、健全な政策さらには健全な感情を表わすものであることは、何人《なんぴと》も容易に認めるところであろう。ところが、公明正大な手段により自国の利益を追求するという健全な政策を罪悪視する人がいるのはなぜだろうか？　思うに、民主主義国においては、いかに政策が正しかろうが、国民感情に逆行しては長らく王座を占めることができないのである。

アメリカ国民が〔海外進出論に対して〕気乗りしない反応しか示さないのは、今世紀中葉に台頭した、あの偏狭な考え方のためである。イギリスでそれに対応するものは、「小英国主義」者（イギリスの国益は大英帝国の領土的拡張よりも本国自身に努力を集中することにあると主張する一派）であるが、わが国ではこの思想のため万人の目がもっぱら国内の事業に向けられ、自国に対する責務しか眼中にない、という有様である。

英米の間に意見の一致がなければ、両国はどうして歩調を合わせていくことができるであろうか？　政治活動が全世界に及ぶ一国（イギリス）と、単なる内政上の紛争に神経をすりへらしている一国（合衆国）との間に、どうして真の共感が芽生えようか？

われわれが実際に目を海外に向け、現代の世界全局に対するわが国の義務を果たすべく積極的に活動しはじめるに至って、ようやくわれわれはイギリスに信義の手を差しのべて、相提携するようになるであろう。こうして前途多難のときにあたり、英語を使用する二国民間の心情の一致にこそ、人類の最上の希望をつなぐことができると、われわれは悟るであろう。

列国が自らの義務や去就を決するにあたって、最も重要で一般的な指針になるものは、距離の近さと親近性である。アメリカ諸州は、その伝統や制度や言語からみてヨーロッパ大家族のメンバーと考えられるが、アメリカと将来の世界大局との関係のあり方が最も顕著に示されるのは太平洋においてであり、太平洋こそ、〔アメリカの〕大陸帝国が西漸の進路に沿って伸張し、ふたたび東洋と際会する舞台なのである。

一方、大西洋を取り囲んでいるのは、最強で最も進んだ政治的発展を遂げたヨーロッパ民族である。同じ西洋文明の母胎から生まれながら引き離されていた兄弟——ギリシア＝ローマ文明の継承者であり、かつローマの征服者チュートン族の後継者——は、もはや大西洋の海原によって隔離されていない。むしろ、海運の発達と拡大によって、大西洋はアメリカとヨーロッパとを結びつけるものになっている。

少数の乗客や少量の貨物であれば、特急便や至急便によって大西洋岸から太平洋岸まで陸路を通って輸送するのは、近代的な汽船で大西洋を横断するより迅速かもしれない。しかし、交通輸送機関の威力が十分に発揮されるだけ大勢の乗客や大量の貨物を急送するうえで障害となるのは、陸地であって海洋ではない。

太平洋岸では、砂漠や山脈によって大西洋岸の同胞たちから切り離された前哨隊――いわばヨーロッパ文明の先発隊――が危険にさらされている。彼らをその本隊にいっそう緊密に結びつけ援護してやることが、ヨーロッパ国家群のまず第一の義務である。そのためには、海上からも陸上からも彼らに接近できるよう、将来の方策を配慮しておく必要がある。

建設予定中の中米地峡を横断する運河が重大な意味をもつのは、ただ単に通商上の利益にとどまらず、上述のような政治的現実の要請があるからである。同じことはカリブ海の重要性についてもいえる。なぜなら、後者は地峡運河問題をめぐる国際的な思惑と不可分に結びついているからである。運河の開鑿ルートがパナマ、ニカラグアのどちらに決められるにしろ、運河のもつ根本的な意義は、全般的にはヨーロッパ文明の、とりわけ合衆国のフロンティアを数千マイル前進させることにある。さらに中米運河は、西洋文明を享受している米州諸国のアメリカ体制《システム》全体を固く結束させることになるが、それは運河建設以外の手段では不可能なのである。

しかもカリブ海の群島は、まさに海上権力の主要領域と呼ぶべきところであり、運河のような海上交通路を支配する手段として必要な海軍力の天然の本拠地、その中心であることは、あたかもスエズ運河の支配が地中海の要島に大きく依存しているのと同様である。ハワイもまた中米地峡運河の前哨地点にあたるが、それはまさにアデンやマルタ島がスエズ運河の前哨地点であるのと同じである。あるいはまた、スエズ運河が開通するはるか以前、マルタ島がインドの前哨地点であったのと同様であり、当時ネルソン提督は、主として海上権力の観点からマルタ島がイギリスにとって要地であると宣言したのであった。

いまやカリブ海の砦となっている同群島は、ヨーロッパ文明全体にとって最大の神経中枢の一つである。しかも、それら島嶼のうち至要な部分が斜陽国家（スペイン）の掌中にあり、同国がこれら島嶼において、世界一般の利益のために必要とされる発展をこれまでなし遂げておらず、またその能力もないようにみえることは、われわれの深く遺憾とするところである。

ヨーロッパ諸国と同じく将来わが国を待ち受けている問題は、単なる一国一邦の利害得失や利益の大小といった問題ではなく、〔世界の将来にとって〕死活的な重大問題なのである。

現在の世代は後世の子孫のための受託者であり、作為の誤りと同様に不作為の誤りを犯すときも、自らに委託された責務に不忠実である。また、時に臨んで好機を利用しえないならば、難題や禍根を子孫に残すことになる。そうなれば、時すでに遅きに失するか、たとえかろうじて禍難を克服できたとしても、流血と暗涙の高価な犠牲を払わざるをえないであろう。これに反して、前途を洞観し、時宜を得た措置を講じておれば、このような犠牲は未然に防げるかもしれない。

こうした予防策は、真の意味で攻勢的ではなく、むしろ守勢的なものである。たとえば、今日トルコにおいてみられるような衰退した状況は、日和見主義の姑息な措置や優柔不断な遷延策によって、いつまでも引き延ばせるものではない。

それはなにもトルコ一国に限られたことではない。人間界において危局に処する道は勇断のほかにない。身体の疾患を治療するにあたって、患者の生命を救うために思いきった荒療治が必要とされるときがくるのと同様に、ある共同体の福利を守るため大英断に出るべき時期がある。そして、その時期を空しく逸すれば、事態は以前よりも一段と悪化する。クリミア戦争の場合がまさにそうだったと、いまでは多くの人びとが考えているが、この見解は、ヨーロッパ協調の諸国が躊躇逡巡して足踏みしており、ギリシアが〔トルコに〕惨敗し、アルメニアで大虐殺が発生するなど、最近の一連の事件によって裏打ちされるであろう。

ヨーロッパ諸国は遠隔の地域に勢力を伸ばしている一方、自国の脇腹に、命取りになるかもしれない癌を切除しないまま放置している。そして、将来きわめて重要になる相当の地域に対して、この老国――政治的・社会的改革の望みのないことが、時のたつにつれてますます確実となっている政体のトルコ――が統治権を主張するのをヨーロッパ諸国はいまなお承認しつづけているのである。もし今後形勢が一変しても、上述のような状況がそのままつづくならば、それは将来にとって悪い兆候である。それは常に侵略の準備を整えている野蛮民族の前哨地になりかねないからである。

互いに物質的繁栄や進歩の水準を異にし、精神的理想を異にし、さらに政治的能力もおおいに異にしている〔東西〕両文明が、いまや急速に相接近しつつある――この事実を明晰にして冷静、しかも決然たる目で直視することが、わが国自身の福利のために緊要である。そうすることは、わが国が人種的に属している諸民族の全般的福利に対して、責務の一端を果たすうえで一段と緊要になる。

異質の両文明が急激に接触するという状況は、世界史上に先例のないことではない。こうした事態が一大連合帝国（ローマ帝国）を襲ったとき、その主だった市民は長年の平和のもとで柔弱に流れ、帝国は弱体化していたため、滅亡が不可避になった。しかし、その滅亡の過程は、以前から偉大な将軍や政治家たちが対処の手段を講じていたので数世紀の間、引き延ばされたのである。

これに反して、サラセン人やトルコ人の侵略の場合は、数世代にわたる襲来ののち、まずいったん食い止められ、次いで押しもどされたのである。なぜなら、彼らが襲いかかった国々は、なるほど今日のヨーロッパ諸国のように国内の軋轢や紛争によって分裂してはいたけれども、いまだなお武勇な国民であって、自らの権利を守るために戦い、必要とあらば生命を捨てるよう訓練され、またその覚悟があったからである。

さて、今世紀はヨーロッパに多大の富栄や物質的・精神的安楽をもたらしたが、同時に一方ではこれと対応する形で「軍国主義」の烙印を押される風潮もまた強まり、ヨーロッパを戦備の整った軍人たちの一大陣営に作り変えたのである。これも神の摂理によるものであろう。軍備撤廃を要求する、時を得ない叫びは、前途多難の事態を無視するもので、厳しい現実の前に空しく消えるしかない。ヨーロッパ武装化の現実は、刻下の情勢によっても十分正当化できるし、なにものにもましてそれは、まだ少数の識者しか洞察していない将来の異変に対する無意識の準備なのである。

陸上の防備についてみると、ヨーロッパ諸国で大規模の軍隊が常設され、その国民の間に海外進出の盲目的な衝動が強まっていることは、キリスト教文明の最後の砦を安全に取り囲む外壁が、敵手に陥るには一〇〇年以上もの年月を要するということを保障する。

海上の防備についてみると、わが合衆国ほど重大な責務を担っている国はほかにない。カリブ海において、もしヨーロッパ諸国がいささかでも新たな侵略を企てる形勢があれば、わがアメリカ国民がいかに神経過敏に反応し憤激するかということは、ごく最近きわめて率直に表明されたばかりなので、なんら疑問の余地はない。

わが国民がこのような態度をとる以上、組織化された兵力でそれを強力に支持する覚悟がなければならない。それはあたかも、ヨーロッパ大陸の諸国間に相互の警戒心が強いために、強大な軍隊の維持を余儀なくされているのと同様であり、わが国が強力な軍備を必要とするのは、将来崇高な天職を全うすべく運命づけられているからだと、われわれは信じている。

わが国がこうして〔カリブ海から〕他国の勢力を排除しているからには、わが国自身が、西洋文明全体の利益を守る責務を担わねばならない。そしてカリブ海は、西に中米地峡をひかえ、東洋と西洋とを結びつけ、大西洋と太平洋とを接合する靭帯が交わるところなのである。

中米地峡は――それを貫通する運河や、東西両方面から地峡に接近する海路を含めていうのだが――ただちにアメリカ大陸の東岸と西岸とを、いかなる陸上交通網によるよりも、しっかりと連結することになる。したがって、合衆国は同地域に対して特殊権益を主張してきたのである。合衆国が現在この主張を貫徹し、今後も自らの責務を全うしうるための唯一の手段は、カリブ海を制覇するにたるべき海軍力を築きあげることである。

約言するならば、あたかもヨーロッパ諸国の間に警戒心が強く、また国民軍召集――全国民に対する軍事教練の強制――という純然たる民主的制度があるために、巨大な国民軍が組織されるに至ったのと同様に、わが国においては、一般にモンロー主義として包括的に表現される信念のアメリカ民主世論に対する影響力が、次第に拡大・強化されていくにつれ、その論理的かつ必然的帰結として、巨大な海上権力が築かれるようになるであろう。そしてこの海上権力は、イギリスのそれと提携して任務達成にあたらねばならない。

一方、海上権力に相対応するものは陸上兵力であるが、それは最も民主的な諸制度のもとで拡張しつづけている。これに反して経済家（〝経済学派〟）や一部の人士は、平和を保障する唯一の代価――戦争準備という代価――を払うことなく平和を維持しようと願っているが、彼らの慨嘆にもかかわらず、各国の兵力は着実に増強されているのである。

往昔においても〔ローマ帝国が〕戦争準備を続けているかぎり、チュートン族の侵略を抑止することができ、その間に彼らはついに時代の水準に達するまで文明化され教化されたのであった。こうして、いったん彼らに文明が根づくと、時が来て実を結ぶようになったのである。

チュートン族を抑止したのは組織化された武力、つまり軍隊の力であったが、それは単に往古の野蛮な時代のことだ、といいきれるであろうか？　なぜなら、われわれのいう野蛮状態とは、物質的な貧富とか政治的な発達・未発達の問題ではなく、人間個人の内面、つまりその精神的理念の高低いかんの問題なのである。

人間界においては、物質的な欲求がまず第一の関心事になるが、しかし、それ自体では生活を腐敗から守ってくれる防腐剤にはならないから、精神的な要因が十分発展しうる余裕や時間が確保されるまでは、他の物質的な力――つまり武力――によって前者を制御しなければならない。

われわれが恐れねばならないことは、わが文明のうちで物質的欲望をそそる要因だけが、〔他の文明によって〕摂取されることである。それを入手するためには、たとえ――わが国が武装していない場合――われわれを滅亡させることが必要になっても、彼らはこれら物質的利点を奪取しようと狙うであろう。

われわれの文明から精神的な要素を差し引くと、残るのは野蛮状態のみである。そして野蛮状態とは、わが文明に内在する精神を吸収することなく、その物質的進歩のみを摂取するのに汲々たる人びとの文明のことなのである。

もちろん、われわれは人類が到達することを望んでやまぬ目標として平和を礼讃《らいさん》するものである。しかし平和は、あたかも子供が未熟の果実を木からもぎ取るように簡単に入手できる、などとは考えないようにしよう。ましてや平和は、われわれの直面している状況を無視することによって達成されるものではない。また、一時の小康や繁栄や安楽の魅力を誇張して、これらの魅力を戦争の恐怖や惨事のみと対照したりすることによっても、平和は達成されないであろう。

単なる功利主義の言説によって人類を説伏し改宗させえたことはなかったし、将来においてもそれは望むべくもない。なぜなら、人類は功利主義を超越するなんらかの価値が存在することを知っているからである。そして、それに対する畏敬の念は、いわば株式市場の守護神としてあがめられるような平和によっては、けっしてはぐくまれないであろう。

わが民族の未来にとって何よりも危険なものは、現在耳を聾《ろう》する趨勢——つまり、戦士の天職たる戦争のなかに一種の徳性が存在することを断じて認めようとはしない一派（実利的平和論者）——の騒々しい主張である。その徳性は、ワーズワースが「幸福なる戦士」を作詩するにあたって霊感を与えたものであり、また勇士ヘンリー・ローレンスの死に際に限りなき慰めとなったものである。彼は、この詩人の理念にもとづいて自らの生涯の理想を形成し、自己犠牲の行為によって崇高な形でそれを示してみせたのであった。

さらにこの徳性こそ、いつの世でも、戦士を英雄的行為と克己殉道の模範とするものなのである。キリスト教――子羊のように虐殺の場に連れていかれた救主キリストの教え――が、その信徒たちに克己心と悪への抵抗というイメージを呈示しようとするとき、そこに浮かび上がるのは戦士の雄姿なのである。キリスト自身、その使命からみて「平和の王」ではあっても、その神的存在の本質からすれば、まず何よりも「正義の王」なのであり、正義なくしては真の平和はありえないのである。

闘争なるものは、物質界にせよ精神界にせよ、すべての人間生活につきまとう条件なのである。そして、まさに戦士たちの体験――戦闘――のなかにこそ、精神生活を最も鮮明に表わす比喩《メタファオア》、その最も崇高なインスピレーションが求められるのである。二〇世紀がわれわれに何をもたらすにせよ、一九世紀の思想界で現在流布している理念のうち、この戦闘精神ほど気高い理想を新世紀が受け継ぐことはないであろう。

海戦軍備充実論

一八九七年三月

近代における戦備の問題は、複雑多岐にわたっている。それは、たとえば一艦の建造のようなものである。その建造に際して、相矛盾する諸要素を調和させようという試みは、俗にいう妥協——あらゆる軍事問題の決着のうちで最も心もとないもの——に落ち着くのが常であり、どの要求をも幾分かは満たすが、どれをも完全に満足させることはできない。

戦備もまた同様に、しばしば相矛盾し、ときにはほとんど両立しえない多くの条件をともなうものである。これら諸条件をすべて満たすことは、限りある国庫の財源の及ぶところではない。攻勢・守勢を問わず、一国の軍事政策というものは、その各構成部門からの諸要求を、均衡を保ちつつ満たすことによってはじめて完全な政策になるのだが、これら諸要求をすべて満たすだけの資力は国庫にない。

また政府としても「この要求こそ最重要であり、それを最大限に実現させるのに役立たない他の諸要求は退けられねばならない」と明白に断言してしまうわけにもいかないから、政府の意思の振子は、一つの極端から他の極端へと揺れ動くか、あるいは八方美人になろうとして、結局どの部門にも要求以下のもの、もしくはその理想的達成のための要請を下回るものしか与えないことになる。換言すれば、国庫の財源は、十分な審議を経て採択され、断固たる信念をもって主張される枢要な一計画のみに集中するわけにいかず、さまざまな用途に分散せざるをえないのである。

現代の状況においては、軍備の充実は多大の年月を要し、開戦切迫の間際まで猶予することは許されない。最近イギリスでなされたように、一級の軍艦を起工してから一年以内の短期間に完全艤装して進水させたことは、まさしくイギリスの建艦技術および能力の驚嘆すべき偉業といえよう。しかし同艦といえども、ただちに海洋に出航できるわけではなく、さらに備砲を装備し、そのほか航海に不可欠な細部の艤装をする必要があるのだ。それに要する時間は、わが国が全力を尽くしても、イギリスの場合より短くてすむことは、まず望めないであろう。

戦争というものは、たとえその性格が激烈かつ異例であるにせよ、要するに一種の政治運動にすぎない。その勃発の契機がいかに突然であろうとも、戦争はそれに先行する諸情勢のなかから生ずるのであり、戦争に至る一般的趨勢は、一国の政治家や少なくとも国民の思慮ある人士には、はるか以前から明らかなはずである。

日常生活におけると同様、かかる予測や用心のなかに、最も望ましい解決——通常の外交手段による平和的解決――をはかる最大の希望がある。すなわち、人心がまだ冷静であり、民衆の不安を煽っては発行部数を増大させようと狙う無責任な新聞の煽動的な論調によって、民心の激情が危機的段階にまで達しないうちに、時宜を得た合意によって平和的解決をはかろうという期待なのである。

たしかに、先見の明による平和維持が政治家の誉れであり、やむなく武力行使によるほか平和を維持しきれなくなると、政治家はおのれの栄誉の月桂冠を脱いで、これを武将に手渡すのである。にもかかわらず、私的な紛糾と同じく公的な紛争においても、両当事者ともに断固として譲ることのできない正義――実在の、もしくは実際にそう確信している正義――を主張する場合は稀ではないという現実を直視すること、そして平和維持の見地から、自ら正義と信じるところのものを放棄するよりも、むしろ正義のために戦うべきだと決意することが、政治家の公的な職分として要求されるのである。

南北戦争はなんと嘆かわしいことであったか！　しかし、南北のいずれか一方がたじろぎ、自ら根本的に正しいと信じるものを固守していなかったとしたら、はるかに嘆かわしいことであったろう。

単なる物質的利害の争いならば、譲ることもできよう。主義主張の争いならば、人は自ら悟らずして誤った立場をとることもあろう。しかし、正義についての信念は――たとえそれが誤った信念であっても――争うことなしにそれを放棄するならば、人格の堕落をもたらすのである。

ただ、明らかに対抗しえない実力が相手側にあるときは、このかぎりではないが、その場合ですら、ときとして不面目は避けられない。不名誉よりも死を選ぶ、というのは往々にして忌わしく濫用される文句であるが、それにもかかわらず、そこには重大な真理が含まれているのである。

一国の大義名分を護持し、いったん緩急あれば即時行動に訴える覚悟を裏づけるにたるだけの兵力を備えておくことは、一国の政府の立法府および行政府の責務である。そのような兵力は、その国の国際関係に影響を及ぼす、あるいは及ぼすであろうと予測される政治状況から必然的に割り出される。

そもそも、この兵力の存在自体およびその規模は、明確な国益がどの方面に存するかについての国民の意識や義務感を反映する、もしくは反映すべきである。国益の擁護に関して各世代は後世に対して責任があり、現に問題が眼前に立ちはだかっているだけに、国民としての義務もまた同様に明白である。

戦闘開始につながる行動がいつ、いかにしてとられるかという問題は、戦争の悲惨な災禍に鑑みて、たしかに重大問題である。しかし他方からみれば、それは時機の問題にすぎない。すなわち、きわめて重大な和戦の最終決定を、もうこれ以上引き延ばせないという最後の瞬間に関する問題なのである。

そして、この和戦の決定と戦備との関係は、単に次のようなものである。すなわち戦備は、この決定の瞬間に課せられる最大限の要求に応えうるだけ強力でなければならない。さらに、もし可能なら、わが国民が正当と信じて疑わない要求を断固提示して戦争の勃発を防止し、要求を貫徹するだけの威力をもつ軍備が望まれる。

こうした考え方を以上のように述べたからといって、それは防衛——国家の権利や義務の防衛——以上のことを意味するものではない。もっとも、かかる防衛は、戦闘における唯一の安全な手段たる攻勢的行動というかたちをとるであろうけれども。

したがって、論理的にいうならば、一国が自らの要求に十分応えうる陸海軍を編制しようとする際には、どの国が世界最大の陸海軍を擁しているか詮索し、これと競争しようというのではなく、まず世界の政治状況を考察することから始めなければならない。つまり、物質的利害の問題のみでなく諸国民の気質をも含めての世界の政治状況を観望し、そのなかに、戦争によるほか解決のつかなくなる難問題が生じる見通しが、わずかでも存在するのかどうかを考察することが第一歩でなければならない。

本質的に、この問題は政治的な性格を帯びたものである。この政治問題にまず回答が出されないことには、軍事問題を規定しようにもその論拠すらないのである。けだし、軍事力は一国の政治的利益および文民の権力に仕え、それに従属するものだからである。

将来維持すべき軍備量を規定するにあたって、どの程度の軍事的予防策を講じる必要があるのか？　その標準となるべきものは、最も起こりそうな危険ではなくて、最も恐るべき危険である。

軍備においても、大は小を兼ねるのである。現実的に憂慮される最大の危険に十分に立ち向かえる軍備があれば、その国は、より切迫してはいるが危険度の低い紛糾に対して平静でいられるのである。また、危険度を測るに際しては、過度な自信も、誇張された恐怖も排した冷静な想像力が必要であることも否定できない。

かつてナポレオンは麾下の将帥《しょうすい》をこう戒めたものである。いたずらに空想に耽《ふけ》るなかれ。敵側の軍事行動を制約する拘束条件を無視し、敵が何をなしうるかについて誇張された幻想を描いてはならない——と。この警告は、戦役の作戦行動についても、われわれがここで考究中のような、戦争に先だつ予測にも、同様にあてはまるのである。

イギリスの論士たちは、自国の防衛が完全に海上権力に依存していることを熟知しているので、イギリス海軍は仮想敵国のうち最も恐るべき二国の海軍を凌駕するものでなければならぬと主張するが、それは少なくとも真剣な論議に値する主張なのである。しかし、その目標を二国から三国にふやすときには、彼らは、かろうじて可能性はあるものの、蓋然性《がいぜんせい》の限界をはるかに越え、実際の行動には影響を及ぼしえない状況を仮定しているのである。

これと同様に、アメリカ合衆国が戦備の必要量を見積もる際に、その仮想敵国が最も有利な政治状況のもとでアメリカに対して加えるかもしれない最大限の軍事力を配慮するばかりでなく、周知の不変の諸条件によって敵の行動が制約される程度をも考慮にいれるのは当然のことである。

潜在的軍事力の点で、わが国のライヴァルになるのはヨーロッパ諸列強だけである。これら諸列強は西半球に利害を有しており、合衆国が抗しがたい衝動に駆られてますます強力に主張するようになった〔対ラテン・アメリカ〕政策に対して本能的に正面から反対し、それによって西半球ではヨーロッパ諸列強の間にある種の結束がもたらされている。しかし他の地域においては、これら諸列強は、より広汎で厄介な問題をかかえているのである。

一八四八年以来、英・仏・独の三国は、主としてアフリカにおいて、一〇〇万ないし二五〇万平方マイルにわたる植民地領土をそれぞれ獲得した。このことは、世上によく知られているように、三国が単に新領土を獲得したということにとどまらず、過去におけるヨーロッパ列強間の伝統的な敵愾心が、今日もなお強力に持続され、将来もこうした敵対関係や猜疑心が永続していくことをも意味する。

また、列強の植民地領土の境界線――人跡未踏の未開の地を横切っているときには、最も紛争を引き起こしやすい要因になる――が不確定であって、その土地の原住民に対する各国の勢力拡張をめぐって拮抗が生じる。そして、油断しているすきに領土を蚕食されるのを恐れるあまり、これら新開地における自国の優位を固めようとして、静かではあるが間断なき闘争が続けられることであろう。

一七世紀や一八世紀の植民地拡張が、いまやわれわれの眼前で再開されつつあるのだ。それは往時に露呈されたのとまったく同じ野心と激情の再燃をともなうものだが、現時の拡張は、近代の組織的な進め方と明白な相互間の恐怖によって制約を受けている。この相互の恐怖は、現代の顕著な特徴をなし、平和を最も確実に保障するところの全般的な戦備がもたらした結果なのである。

これらの動きはすべて、明白な形でヨーロッパに反作用を及ぼす。ヨーロッパは、上述のような諸外国のさまざまな海外進出活動の共通の母胎であり、遠隔の植民地をめぐって生じた抗争はすべて、ヨーロッパの陸地や海域で戦って決着をつけねばならない。そして、そこから生じる流血や財政の負担は、主としてヨーロッパ諸国民が担うことになる。

このような遠隔の地における紛糾の重荷を、ヨーロッパ諸国民はある程度自ら好んで引き受けたわけだが、同時にまた将来の危難を西洋文明が――意識的ではなくむしろ本能的に――予見して、これに備えようとしたからではないか、と筆者は考えるのである。

ヨーロッパは、こうした遠方の植民地支配の負担に加えて、はるかに身近で避けられない不安、すなわち数世紀にわたるトルコの失政の論理的帰結である同国およびその属邦の不穏な状況をかかえている。たしかに、南北両アメリカ大陸の政情は、過去においても今日でも嘆かわしいものがあるが、しかし新世界は、その領土の政治的配分と保有権が確立している点では安定そのものであり、旧世界が解決不可能な諸問題をかかえて前途多難であるのと対照的である。

植民地拡張や東方問題という広い範囲にわたる紛争には、強大な陸軍もしくは海軍、あるいはその両者を備えているヨーロッパ諸列強がすべて直接に深く関わっている。ただスペインのみは例外であって、ヨーロッパの東方における事態の解決に熱意を示さず、また自国の植民地領土を拡大しようともしないのである。

ところで、ヨーロッパ諸列強が、このような紛争に没頭しているのは、人為的ではなく必然的なことであり、万物の本性にもとづく現象であるから、こうした事態を国家の意志や努力によってなくしてしまうというわけにはいかない。したがって、わが合衆国が軍事計画を立てるにあたっても、それは考慮にいれてしかるべき一要因である。だが、それをわが国の外交上の考慮にもち込むことはできない。なぜなら、他国の難局に乗じて自国の利点を追求し、正義にもとづかない利益や譲歩を強要するというのは、わが国の誇りが許さないからである。

このことに間違いはないが、しかし他方、わが合衆国は過去の紛争において、自国の立場が公明正大であり、正当な開戦理由さえあると確信しているにもかかわらず、相手国がそれを認めようとしなかったという苦い経験を何回となく重ねてきた。これらの紛争は、その全部とはいわなくとも、多くが領土問題であって、西半球が現在の〔独立した〕政治状況に至る過程で経験してきた植民地状態の当然の名残りである。わが国が正義と信じ込んだところのものは、最後には係争の相手国もそう認めるようになったが、最初のうちはその正しさが是認されなかったのである。

ただ幸運なことに、これらの紛争は主としてイギリスとの間に生じている。イギリスは偉大で恩恵的な植民地支配国であって、同国とわが国との関係は、法と正義に関する共通の根本理念のうえに築かれているので、両国の間には、これまで双方が認めてきたよりも深い共感が存在しつづけたのである。最近では、ヴェネズエラ問題（一八九五年、英領ギアナとヴェネズエラ共和国との間の国境紛争をめぐる米英対立）の円満な解決が、その一例である。

イギリスはヨーロッパで最も不評判の国である、とはしばしばいわれることである。かりにそうであるとしても——そしてイギリスの多くの人士は、自国が政治的に孤立しているという事実を遺憾としながらも認めているようにみえるのだが——ヴェネズエラ紛争においてわが国がイギリスに対してとった態度が、ヨーロッパ諸国の共感を得るどころか、むしろ反感を招いたことは、わが国民が熟考すべき重大な問題をはらんでいないだろうか？

この紛争においてわが国は、本来わが国には直接の利害関係がなく、ただアメリカ大陸の国家群の一員として関わりをもつにすぎない係争に容喙《ようかい》する権利がある、と主張したのだが、この主張は、日ごろイギリスに好感を寄せていない〔ヨーロッパ〕世論の機関からも断固たる調子で拒絶されたのである。これと同じ態度をとった外国政府があるかどうかは知らない。係争問題の当事者のほかにはどの国をも拘束しない、という原則が明らかに容認されたことに対して、公式の抗議をはさんだ国はなかったようである。

ヴェネズエラ問題に対するわが国の介入は、幸運な形で結着がついたけれども、その結果、わが国が従来担ってきたよりも重い責任と重大な行動とを課せられるようになることを、われわれは認識しているだろうか？　またそれは——軍事的な比喩を用いるなら——あたかも前衛地点を占領するのに等しく、今後それを固守するにたる兵力の編制が当然必要になるのだが、はたしてわれわれはこのことを認識しているだろうか？

空想に耽ったり、とっぴな不測の出来事を思いめぐらしたりさえしなければ、将来紛争を生み出す潜在的要因や状況の存在を発見するのは困難ではない。それはわれわれがこれまで経験してきた状況と本質的に同一だからである。もしわが国に十分な軍備がなければ、われわれと政治思想の伝統や傾向を異にし、それゆえわが国の見解にあまり理解を示さない諸列強から、わが国の立場の本質的な正当性を認められることを期待できようか？

ただイギリスだけは、わが国の見解が妥当であることを認めてきた。イギリスがわが国の態度に共感しうるのは、両国民間の長い密接な接触と利害の結合によるだけではなく、また国民性や政治制度が基本的に類似しているためだけでもない。

これらのことは、たしかに相互理解に役立つが、それに加えてイギリス政府は、遠隔の地が自国の利益、その国民の福利、通商上の利潤、さらに自国の政治的威信にとって死活的な重要性をもつということに関して、広汎で多様な経験を幾世紀にもわたって積んできたのである。それゆえ、将来困難を招いたり、自国の重要な福利を危うくしたりする恐れのある事態の発生や継続をけっして黙認しないという〔アメリカの〕決意を、イギリスは理解し是認しうるのである。

イギリスのようにインドやエジプトに手をのばした国ならば、わが国が広大な領土を有している太平洋沿岸や中米地峡に対して、神経過敏になる理由を理解できないことはあるまい。また、地中海に重大な関心をもち、その南岸が着々と占領されていくのを懸念して注視しているイギリスであるから、カリブ海沿岸の比較的平穏な隣邦諸国に東半球の列強の野望や紛争が——少しでも、また間接的にせよ——波及するのをわが国が嫌う理由を理解できないわけはない。

こうした事態は、現存の政治勢力の配分や既定の領土占有を攪乱する恐れがあるのだ。将来わが国の利益の擁護のために何が要求されるであろうかは定かではないが、いったん風向きがあやしくなると爆発する紛争の火種を、今日万事が平穏なうちに取り去っておくのは、明白にわれわれの利益になるのであり、この点にイギリスの政治家が疑念をはさむとは考えられない。

両国がこれほど容易に理解に到達しうるのは、過去においていろいろ難局に処してきた経験があるからだろうが、同時にそれは平和への熱望によって強力に支えられている。平和への願望は貿易立国の国民に伝統的なものだが、いったん戦争をしかけられたときには、その負担を背負うにあたって彼らは決断と不屈の精神を欠くことはなかった。

「軍国主義」なるものは、イギリスにおいても合衆国においても支配的な気運ではない。両国民の商業的気質と対外的孤立とがあいまって、彼らを軍国主義の支配から守っているのである。彼らは挑発されると闘争的、好戦的にさえなるが、抽象的な意味における戦争の思想は、彼らにとって忌わしいものである。なぜなら、戦争は彼らの日常生活の営みを妨害し、彼らの思考習慣と相いれぬ要求を強いるからである。英米の両国民とも名誉の問題に敏感でないといえば、彼らを誹謗することになろう。

ただ、彼らにとって名誉の問題は明白かつ公明正大なものでなければならないのである。無知あるいは軽率さのあまりとってしまった立場を放棄することにこだわり、正当な要求を拒むのは名誉なことではないであろう。また、他国の強制の下で退却させられるかのような外観を呈するのを恐れるがために、一つの立場を固執するという態度も、けっして名誉なことではなかろう。

かつてナポレオン一世は、軍国主義の極端論を次のような言葉で述べた。「もしイギリス内閣が、第一統領たる余があることをなしえなかったのは〔イギリスの〕妨害に遭ったためだとほのめかすならば、たちどころに余はそれを決行するであろう」。

いまや合衆国は諸機関を通じて、ほとんど誤解の余地のない明確な言葉で自国の立場を述べるに至った。すなわち、ヨーロッパ列強が南北両アメリカ大陸において現在の地理的境界を越えて領土的・政治的勢力を拡張してくるのを防止するためには、わが国は必要とあらば武力に訴える決意がある――と宣言したのである。

境界線をめぐる係争問題（ヴェネズエラ事件）において、合衆国はこの決意を固持し、われわれが正当な政策と信ずるところに従い、事件を裁定すべきことを主張している。もしイギリスがこの政治的主張をわが国の正当な国策の表現とみなすならば、イギリスはその指導者の素養や性向からしても、それを是認するであろう。そしてその際には、わが国の政策は国運を賭しても守るべきものであり、必要とあらば武力に訴える用意があると発表するために、イギリスの世論がどういう影響を受けるかについて、イギリスの政治家はそれほど心を労することはないであろう。

もとよりイギリスにとっても、自国の正当な利益を守るために、必要とあらば戦うことは至極当然のことであり、他の国が同じようにいってはならないわけがあろうはずはない。問題は――お望みなら名誉の問題といってもいいが――一国に戦う決意があるか否かではなくて、その主張が正当か否かということである。

しかし、こうした態度は「軍国主義」の精神ではなく、またそれと調和するものでもない。軍国精神が浸透した国々では、ある政策を武力によって支えると、いったん公表されるや、それが一種の名誉の問題を生み出し、それに隠れて政策自体の正当性・不当性が見失われてしまうのである。その政策自体を冷静に眺めることはもはや不可能になり、威嚇――どれほど穏やかな表現をとろうとも——によって予断し決定がなされるようになる。

こうしたなりゆきは、軍国主義の諸制度の論理的帰結にすぎないのである。組織化された兵力にその政策の多くが依存している国家とか軍人とかいうものは、武力に対しては武力でもって対処する能力もしくは意志を欠いているといわれると、憤慨せずにはいられない。戦士や軍隊の士気こそ、その生命なのであって、彼らの士気は——表面的にせよ——敵国の威嚇の前にひるむようにみえるとき、重大な損傷を受けるのである。

そして軍隊が弱体化するのにともない、その国の政治勢力の一要素が衰退することになる。ただし、イギリスやアメリカのように、主たる軍事力が常に海軍——陸軍のように侵略的な要素ではない——に存してきた国では、このことはあてはまらない。

いまやわが合衆国は、その政策を武力によって支持するであろうと公表したのであり、その結果、今後わが国は軍事的成果を誇る他の諸国と衝突するに至るかもしれない。これらの国々は、おのおのの利害得失上、わが国の立場を黙認する気はないであろうし、ましてや、わが国の威嚇のもとに黙従するようなことは欲しないからである。わが国が自らの要求を貫徹するために戦う決意をしているのと同様、敵方もまたわが国の要求に反対して武力に訴える覚悟がある場合、それに応じるためには、どの程度の戦備が必要であろうか?

戦争準備は、正確には二つの項目に分けて論ずべきである。すなわち、軍備の増強と戦争の用意とである。

る。前者は主として戦争の物資に関する問題であって、その増強の努力は継続して行なわれる。後者は準備の完成という概念を含んでいる。ある特定の時点において軍備が完成したときに、戦争の準備ができたということができるのであって、その逆ではない。したがって、きわめて必要な軍備が相当程度まで整っていても、まだ戦争の準備ができていないということはありうる。軍備計画の各構成要素が一様に遅れをとっている場合もあるし、ある部門が完成しているのに、他の部門ができあがっていない場合もある。そのいずれの場合にも、一国の戦争準備ができているとはいいがたいのである。

まだ戦争が一つの可能性でしかない段階だと認めていても、自国にその準備が整っていることを願う者なら誰でも、戦争準備の明確な基本思想をまず心に銘記すべきである。すなわち、ある戦争がその原因および政治的性格からして、いかに守勢的なものであろうとも、守勢のみに終始する戦いは負け戦さである、ということである。

いったん宣戦が布告されるや、戦争は攻勢的・攻撃的に遂行されねばならない。敵の打撃を受け流すのではなくて、敵を殲滅させねばならない。敵を撃破したときになって、はじめて攻撃の手をゆるめ、戦果を手放してもよいが、それまでは絶え間なく容赦なく打撃を加えねばならない。

戦備問題は、他の事柄と同じく、質および量、種類および程度の問題である。程度の点に関しては、戦備を規定する一般的な指針を本稿の前半において概論しておいた。戦備の程度を定める標準は、最強の仮想敵国がわが国に対して結集しうると予測される兵力である。もちろんその際、敵国が世界の他の地域でもろもろの困難や負担を課せられているために、明らかにその総合兵力から減殺される分も酌量すべきである。この計算は半ば軍事的、半ば政治的なものだが、後者の方がより重要な要素である。

種類の点からいうと、戦備は二要素——守勢と攻勢の兵力——から構成される。前者は主として後者のために存在する。つまり、守勢兵力の目的は、戦争における決定的要因である攻撃兵力が、自国の利益や資源の防衛に顧慮する必要なく、もっぱら敵に対してその威力を存分に発揮できるようにすることである。

海戦において、沿岸防衛は守勢的要素であり、艦隊は攻勢的要素である。沿岸防衛が十分であれば、艦隊司令長官には自分の作戦根拠地——海軍工廠と貯炭港——が安全だという保証がある。また沿岸防衛が完備しておれば、主要な通商中心地が防衛されているのだから、司令長官や政府はその安危を憂える必要なく、攻勢兵力すなわち艦隊を自由自在に活躍させうるのである。

沿岸防衛は沿岸攻撃に備えるものである。では、沿岸はいかなる攻撃にさらされているであろうか？　主として、二種類の攻撃——封鎖および砲撃である。後者は前者よりも難事であるから、後者をなしうる力がある敵は、前者をも行ないうるわけである。沿岸砲撃をなしうる艦隊は、いっそう容易に封鎖を行ないうるのである。

沿岸砲撃に対して必要な防御策は、敵艦隊を着弾距離以内に近づけさせないだけの火力と射程を有する大砲で砲塁を築くことである。このように有利な状況を占めるには、守るべき沿岸都市からなるべく遠くわが砲列線を前進させ、その砲火の下をくぐってしか敵艦隊が都市への砲撃射程内に入れないようにすればよい。

しかし、艦隊は飛翔中の鳥の群れに似て行動が敏速なために、破滅的な損失をこうむることなく、わが砲下を通過しうることが立証されている。そこで、水路の閉塞によって敵艦隊の前進を遮ったり遅らせたりする必要が生ずるのだが、そのための近代的兵器として水雷敷設線が用いられる。水雷の唯一の効用は、敵艦隊の突進を抑止することにあるが、もし敵艦隊が首尾よくそれを突破すれば、わが防御線の背後に出て都市の眼前に現われ、都市は敵艦隊のなすがままとなる。

したがって沿岸防衛なるものは、上述のように設置した大砲および水雷のことを意味するのである。ちなみに、このような防御を必要とするのは、通商上および軍事上、決定的な重要性をもつ地点のみに限られている。近代艦隊は、重要でもない町々を砲撃して弾薬を浪費することはできない――少なくとも基地を遠く離れ、わが国の沿岸付近にいるときには。それは、戦費を徒費するというよりも、艦隊の戦闘力を徐々に消耗することになり、要するに引き合わないのである。

沿岸防衛は本質的に受動的なものではあるが、しかし同時に攻勢兵力としての要素をも備えていなければならない。攻撃力である艦隊と違う点は、それが局地的な性格を帯びていることだが、にもかかわらずそれは攻勢的海軍力の一部を形成する。

海上兵力つまり艦隊に対して攻勢をとるには、沿岸防衛もまた自らの海上兵器をもたねばならない。具体的にいうならば、沿岸防衛の攻勢的要素は各種の水雷艇に求められる。水雷艇は、遠洋艦隊とは概念上、区別されねばならないが、両者が協同して行動することはもちろん可能である。

戦争のなりゆきによっては、遠洋艦隊が攻勢を開始する最善の準備として、主要な一海港に集結することも十分ありうる。しかし、こうした艦隊の集結が不可能な場合、狭義での沿岸防衛のために、小型水雷艇で編制した小戦隊が必要になる。水雷艇を日夜出没させることで、外部から攻める敵艦隊を悩ませるわけである。

いまは故人となったイギリスの名高い提督が語ったことだが、このような近代的状況の精神的緊張のもとでは、封鎖艦隊の艦長の半数はまいってしまう――「正気でいられなくなる」と私には繰り返しいわれた。もちろんこの言葉は、艦長が耐えねばならない不安の大きさを伝えようとしただけだが。

水雷艇戦隊は、それを構成する各艇が小型であり、その編制や任務が単純であるため、海軍志願兵にとって最適の活躍舞台となる。その任務は比較的容易に習得されるし、戦隊を急いで編制することもできる。ただ銘記すべきは、水雷艇隊はときとして攻勢的になることはあっても、本質的には守勢的な性格のものだ、ということである。

沿岸防衛の主たる要素——大砲、水雷敷設線、水雷艇——は以上のようなものである。このうちどれ一つとして急造することはできない。例外があるとすれば水雷艇だろうが、それとて当座しのぎにすぎまい。この問題を詳論するのは単なる雑誌論説の範囲を越え、一編の論文が必要とされるので、ここでは簡約に述べるにとどめたい。

大砲と水雷敷設線がなくては、沿岸都市は敵の砲撃にさらされる。水雷艇がなければ、沿岸都市は思うままに封鎖され、遠洋艦隊の救助を仰ぐほかない。砲撃や封鎖は、承認された戦争の態様であり、ただ適正な通告が必要とされるが、それとて厳密に法に従うためというよりも、むしろ人道と正義への譲歩であるにすぎない。現在のように国民的・通商的利益が密接に錯綜して網状に張りめぐらされているなかで、砲撃や封鎖が巨大な国家的中枢に加えられるならば、単にその地点のみならず、一国全体が痛撃をくらうことになる。

海戦における攻撃は、前述のように遠洋艦隊の任務であり、それを編制するのは戦艦、さまざまな規模や目的を有する巡洋艦、速力の点でも耐航力の点でも優に一艦隊に随航しうる航洋水雷艇である。いかなる天候下においても耐航力とかなりの速度を維持できることは、艦隊を構成するすべての艦に必要な条件である。しかし、何よりも重要とされるのは、防御力と攻撃力とを適宜に兼ね備え、猛烈な打撃に耐え、それを敵に加えることのできる戦艦であり、これこそ海軍の支柱であり真の力である。その他の艦船は、戦艦の補助として存在するにすぎない。

では、艦隊はどれだけ強力であるべきだろうか？　上述の条件にかなう艦艇というのは、艦隊力を構成する諸要素の種類をさしている。その規模はどれほどであるべきか？　艦艇の隻数はいかん？

これらの設問に対する回答は——総括的ないい方だが——前述の算定に示されるように、遠洋航海に耐え、会戦する恐れのある最大の艦隊と戦って十分勝算があるだけ強大でなければならない、ということである。

われわれが主張しているように（そして過去の歴史に徴しても、この主張の正しさがわかるのだが）、わが国はもとより他国を侵略したり、みだりに戦争に訴えて領土や権益を拡張したりする意図のない国だから、われわれが自らに課する兵力の標準は、当然ながら、わが国の拡張政策によって決まるのではなく、われわれが正当な政策と信じているのに、これを是認せず妨害しようとする他国の意向いかんで定まるのである。

これら諸外国がわが国に反対するとき、いかなる兵力をもってわれわれに対抗してくるであろうか？　その兵力は海軍に違いない。なぜなら、わが国には雌雄を決すべき陸上戦が展開されるような露出地点はない。以上が予測される敵兵力の種類である。

では、兵力の規模はどの程度のものであるべきか？　わが国に必要とされる兵力の標準は存在する。その算定は複雑で、結果は概算的かつ蓋然的なものにすぎないが、われわれの達しうる最も確実な回答である。すなわち、しかじかの規模の艦艇何隻、大砲何門、弾薬何発分――約するに海軍物資どれだけ、という回答である。

正しく戦備と呼べるものは、守勢と攻勢という二大項目のもとに要約してきた戦争の物的準備をもって成立する。すなわち、大砲、固定した水雷敷設線、水雷艇の三要素を備えた沿岸防衛と、仮想敵国に対して制海権を保持しうる艦隊である。

合衆国がこれらの戦備に欠けるところがあるかぎり、わが国よりも優勢な海軍力をもつ敵国に蹂躙《じゅうりん》されるがままになる。もしわが海軍が敵を沿岸から駆逐することができない場合、封鎖されるくらいのことはありうる。加うるに、わが港湾内に水雷艇が配置されていないと、敵は容易に封鎖を行なうことができるだろう。なおそのうえ、大砲や水雷敷設線が不十分ならば、敵艦隊による砲撃も可能性さらには実現性すら帯びてくる。いったん戦争が始まってからでは、戦備を完成するための時間の余裕はないであろう。

列国が短期間のうちに戦争に備えようとする際、最も困難な問題は一般に戦争物資の準備ではない。けだし物資の準備は主として経費と生産力の問題なのであって、いったん製造してしまえば、その維持はさして問題にならないからである。もし十分な経費が支出できるのなら、適切な予測と計画により、必要と思われる分量の物資を一定の期限までに確保し、また継続してこれを供給することができる。

破損もしくは消耗による欠損、あるいは将来の増強に備えての需要は、すべてしかるべく測定することができるし、そこから割り出された要求は調達されよう。それが比較的容易であるのは、戦争に備えて生産された物資は、即時に使用しなくとも、その利用価値が減じるものではないからである。それは比較的少額の経費で貯蔵できるし、適切に保管すれば、新品と同様いつでも使えるように貯蔵しておける。損傷などを多少の程度は酌量するとしても、大略のところは上述のとおりである。

ところが、この戦争物資を運用するための人員を、同様に短期間のうちに召集するとなると、問題はまったく別である。物資があっても、これを使いこなせる人員を十分にそろえなくては、無駄になってしまうからである。

現代においては、このような人員は特別に訓練されねばならない。また、いったん教練で習得したものは、一定の期間内にまったく忘却してしまうことはないにせよ、それは徐々に退化していくものなので、常に演習を必要とする。さらにそのうえ、新兵に特定の兵器の使用法を習熟させるのみならず、彼がその一員であるところの軍隊組織の慣習や活動に慣れるようにするには、多くの時日を要するのである。

軍隊の全機構のうち、彼が担当させられた一部門の任務だけを習熟するのでは不十分であって、他の諸部門との相互関係および全体との関連を大略なりとも心得ていなければならない。かかる知識は単に自己の任務を十分かつ有能に遂行するためにさえ不可欠であり、ましてや実戦においては、同階級の戦友が負傷する場合、各人がその穴を埋める用意ができておらねばならないから、それはなおさらのことである。でなければ、艦艇はその最大限の戦闘能力をとうてい発揮しえないであろう。

このように有能に海戦用の機材を運用し、戦闘中の一艦の機能全体のなかで自己の任務をりっぱに遂行する技能を身につけるには、多くの年月が必要になる。この技能を習得するよりも維持するのに、さらにいっそうの時日を要する。そしてその時間は、他の諸目的にとっては浪費された時間に等しく、個人にとっても社会にとっても時間の損失でしかない。またきわめて精鋭な艦員は、大砲や弾薬のように貯蔵するわけにはいかない。また艦船ならば、それほどの損傷の恐れなく繋泊しておけるが、その調子で艦員を休ませておくわけにもいかない。他方、志願兵、徴募兵を問わず艦員を海軍服務にとどめておくことは、経済的な損失——生産力の損失——を招く。

一国の生産力を他の何よりも重要視する一派の論者が、巨大な常備軍および強制徴兵制度に反対するゆえんは、まさにここにある。

この難題こそ、ヨーロッパ列強の軍備完成に責任のある当局者を最も悩ませ、常に彼らの憂慮の的となってきた。戦争物資の供給は、国民の負担になる経済問題ではあるが、それはまだしも単純な問題であって、その生産のために労働者を雇用する必要が生じるので、損失をいくらか相償うこともある。しかし、所要の兵員を徴募して訓練し、即時に役立つように鍛えておくことは、まったく別問題なのである。

後者の解決法として、〝時間税〟ということが考えられる。つまり、兵役を国民の時間に対する税金とみなすわけで、経済的には生産に費やされるべき時間の損失、あるいは個人の生活から奪われた時間を一種の税金として考えるのである。他の税金と同様、その負担をできるだけ減らそうという一般的傾向が強いので、結局は理想と現実の妥協に落ち着かざるをえない。すなわち、不測の事態に備えるための申し分のない精鋭兵員と、現在の平和な常態において実際に要求される人員との妥協である。

不可避とはいえ、この妥協は不満足なものであり、結果的にはどちら側の要求をも不十分にしか満足させない。経済学者は依然として生産者の減損を嘆いて、それに反対しており、他方、軍事当局者は必要な兵員が不足だと主張している。

できるだけこのディレンマを回避し、相対立する要求の双方を満足させるためには、予備役制度に頼るしかない。つまり、一定の期間現役に服したのち予備役に編入するという制度だが、それによれば、任務が習得でき、また必要最小限の現役兵員をかろうじて維持できる最短の期間にまで――ときにはそれを下回るまで――現役の服務が短縮されることになる。

彼らは任務を習熟するや予備役に編入され、兵卒や水兵の生活から市民の生活に復帰するのだが、ただ現役中に受けた訓練を磨きなおすために毎年一回、比較的短期間を再教練にあてることになる。このような制度は、なんらかの形で志願兵にも徴募兵にも適用できる。

もとより、こうした方式は一般社会のいかなる職業においても、けっして満足できるものとは考えられない。自分の職業や技能を習得はしたものの、それを実践することのない者は、その仕事に適任とはいえないであろう。

組織立った教育としては、日常生活の営みのなかで会得した実用的な知識ほど実際に役立つ準備はない。このことは、軍人の職業——とりわけ海軍の勤務——についても一般市民の職業と同じく（おそらくはそれ以上に）あてはまる。なぜなら、前者は後者よりも異例な、それゆえいっそう高度に専門化した人間行動の形態だからである。

戦争なるものはおおむね災いであり、異例な状態であるが、しかしときには避けられないものであるがゆえに、普通の人間でしかない戦士たちに対する教練上の要求は、異例なまでに厳しいものになるのである。

上述のように、海戦のための準備は、艦船や大砲の建造というよりも、ただちに搭乗して、軍艦の機材——その準備は戦備完成に不可欠な一要素にすぎない——を運用する能力のある熟練した人員を十分なだけ維持することにある。〝能力のある〟という言葉は、一般に動員と称する編制の細部までも包含するのであり、この動員が完了すれば、個々の艦員の活動がそれによって統合・指揮されるのである。

動員の主体になるのは人間であるとはいえ、動員はそれ自体で一種の知能的機構をなしている。いったん動員態勢を整えると、さらに改良を加えることができるが、引き出しに入れてしまっておくと能率が落ちるというものでもない——大砲や水雷を軍用地や倉庫に貯蔵しておいても廃物にならないのと同様に。諺にもいうように「小事をゆるがせにしなければ、大事はおのずから成る」のである。

適任な人材（特殊な機器の操縦に熟練しているだけではなく、海軍の生活様式にも精通しているという意味で適任な人材）を常備しておくならば、動員態勢は各兵におのおの部署につくよう指令する一枚の紙片で保障されることになる。そして、いったん有事の際、各兵は号令のもと、その持場に立つであろう。

平時において一国の海軍、とりわけ大海軍に完全な人員――戦時に必要な兵員――を配置しておくというのは、もとより実行不可能である。もしわが海軍が仮想敵国よりもはるかに優勢であるならば、はじめからその必要はなかろう。もし彼我の勢力が互角に近い場合には、即時に使用することができる有能な人員――前述の基準によって有能と目される人員――の数のうえで優位を占めることが、目標でなければならない。

いかなる戦備態勢においても予備役兵を加えることが必要になるが、問題の核心は、平時において現役兵員に対し予備役の占める割合、および後者の質である。本質的にはそれは長期兵役制と短期兵役制の利害得失に関する問題なのである。

長期兵役制における方が、予備役兵の数は少ないが、彼らは退役後の最初の数年間は短期兵役制におけるよりも実力がある。なぜなら、彼らはただ軍事知識のみならず軍隊生活の慣習までをも習熟しているからである。

短期兵役制においては、より多数の兵員が次から次へと教練を受け、それゆえ彼らは予備役に編入されるのも早い。しかし、彼らは現役中の教練があまり十分でないので、予備役に編入されるや、それを忘れてしまうのも早く、実力は劣っている。他方、彼らは長期兵役制のもとで訓練された兵員よりも、少なくとも兵籍のうえでは圧倒的に多数である。長期・短期兵役のどちらの制度についても悲観論者は危険を説くもので、前者では兵員の少ないこと、後者では訓練が不十分な点を嘆くのである。

自由志願兵制度によって兵員を補充する場合、当然ながら服務は長期にわたることになる。自ら望んで軍籍に入る者は、生涯の天職として軍人の道を選ぶ可能性が大きい。そしてこの傾向は、適宜の励みをつけることによって助長することができるのである。

ところが強制兵役制度の場合には、強制ということだけで軍務が忌わしいものになり、一定の服務期間を経たのち継続勤務を志願する者は稀にしかない。しかし他方、戦時において多数の兵員を確保することは、精鋭兵を備えることと同様に切実な要求であるから、服務期間が長くて予備役の少ない軍隊は、予備役兵の多い軍隊よりも多数の兵員を平時に維持しなければならず、したがって、必然の結果として大規模な常備軍を設けることになる。そして前者は、戦闘のための諸要求をよりよく満たし、「予備役」という言葉の真の概念にいっそう即していることを付言しておこう。

そもそも予備兵というものは、戦闘に投入せずに、戦局の不測の展開に備えて待機させておく兵力の一部である。しかし、いかなる将軍といえども、兵員の過半数を予備隊にとっておいて、残余の小兵力をもって決戦に臨むというようなことは考えない。敵の機先を制してわが軍の主力を迅速に集中すること――これが戦場・戦役における戦術・戦略の理想である。またそれは、近代的な動員理論の理想でもある。

予備隊は、いかなる作戦計画においても免れえない構想および遂行上の欠陥を補うべき保険のための備えにすぎない。そして同じことは、人員と同様に艦船や大砲等々といった物的戦力にもあてはまる、と付言しておこう。

わが合衆国の軍隊は、イギリスと同じく志願応募制度に完全に依存している。その結果、両国とも期せずして長期継続服務に重点を置き、予備役を比較的重視しないことになった。水兵や兵卒が一定の期間服務した年功により、再志願しなくても継続勤務できるようになると、彼らはまだ壮年期にあるうちに、自ら天職とする軍人生活の実際的側面に完全に精通し、精鋭な兵士として熟成期に達する。彼らが精鋭兵たるゆえんは、軍人生活で深くしみ込んだ職業的習性にあり、それは青年の特権たる強靭な体力よりも貴重なものである。彼らが継続して服務することを選ぶのなら、なお数年間は自らの軍人的性格や慣習によって非常に貴重な感化を周囲に与えるのである。そして現役を退いたのちも、数年間は戦争のための予備兵員になる。

しかし、このような予備役は、三年か五年で現役から予備役に編入される制度と比べれば、兵員がきわめて少数でしかないことは明白である。だが、各員の戦闘能力を比較してみると、後者ははるかに劣っている。もちろん、三年すら服務していない予備役兵士に至っては、それよりもさらに劣等である。

合衆国はイギリスと同じく事実上、島国である。わが国には、陸地の国境はカナダとメキシコに接した二つがあるのみである。

メキシコの兵力は、あらゆる点で話にならないほどわが国より劣っている。カナダには、イギリスからの常備軍が駐屯している。しかし、その兵員の数からみて、イギリスはわが国と同じく、けっして侵略政策を抱いているものでないことは明らかである。ただしその例外として、全世界の巨大な陸軍力を合同しても、まずイギリスの手から制海権を奪わなければ攻撃を加えることができないような遠隔の地域においては、イギリスは侵略政策に出るかもしれないが。

いかなる近代国家といえども、陸上および海上の覇権を長らく保持しえたことはない。ある国が時々その一方を維持しえても、双方を同時に保持するということはなかった。イギリスは賢明にも海軍力の方を選んだのである。そして、イギリスが他の諸理由のため合衆国との絶交を望んでいないことは別としても、イギリスはその植民地の権益擁護のため不断に必要とされる兵力を差し引いた残余の小部隊を、人口七〇〇〇万のわが国の侵略にあてることは、けっして好まないであろう。繰り返していうが、われわれは島国的な強国であり、それゆえ海軍に依存しているのである。

さらに、海軍力を永久に保持するには、究極的には広汎な通商貿易関係に依存しなければならない。したがって、とりわけ島国においては、海軍が軍事的な意味で侵略的であることはめったにない。自国沿岸の彼方に巨大な利益を有し、一朝有事の日にはそれを失う恐れがあるので、海軍国は当然のことながら、本能的に平和をめざすものである。

歴史的にみて、最たる海洋国家イギリスがその顕著な適例であって、この傾向はイギリスが海軍国となったとき以来のものであり、ますますそれは強まっている。同じことが、わが国にはいっそうあてはまる。なぜなら、わが国は広大でまとまった領土を有するので、海外進出に努力を費やすという意欲がなかったからである。

また、わが国には天与の宝庫あるいは自然の惜しみなき恩恵である豊かな資源が存在したから、イギリスのように富源を求めて外国貿易や遠隔の植民地建設に乗り出し、その国旗を世界中いたるところに広める必要もなかったのである。大英帝国はこの事業で大成功を遂げたが、まさにそのために海外の権益が巨大にふくれあがって分散してしまい、いわば運命に人質をあずける結果になった。そして、その権益をただ守るだけのために、イギリスは大海軍をもたざるをえなくなったのである。

わが国の道程はイギリスとは異なっていたし、今日でもわが国の立場はイギリスと同じではないが、しかし、われわれの地理的状況および政治的信念は、わが国にも海外での利益と対外的責任――イギリスの場合と同様に運命への人質である――をもたらした。

わが国は、なにも遠方に進出して冒険事業をさがし求めることを必要としているのではない。いまやわが国の一般世論も政治家の思慮ある見解も、守るべき権益が海の彼方に存在していると断定している。これらの権益は、わが国が好きこのんで作り出したのでもない状況、またわが国には制御もできない状況から自然に発生したのである。

〝海の彼方〟ということは、すなわち海軍を意味する。わが国は、真の意味での侵略の危険にさらされていないが、かりにその危険があるとするなら、それは海上からくるものに相違ない。そして、わが国の利益を遠隔の地において侵害したり、あるいは本国沿岸で封鎖もしくは砲撃によって侵犯しようとするいかなる試みも、まず第一に海上において断固これを退けなければならない。しかるに、海軍の兵員は陸軍に比べて少なく、後者の半数を下回るのである。

これまで一〇年以上も海軍施設の生産のために結構な措置がとられてきたが、これら施設が完成したとき、それを運用できるだけの訓練を受けた十分な兵員を準備することが必要である。

まったく新米の水兵を使うとなると、彼を熟練した艦員にしたてる前に、戦艦を建造し就役させてしまうことになるし、水雷艇ならば、彼が〝まだ田舎から出たてのほやほや〟であるうちにできあがる。さらに、そのうえ、志願兵制度においては、完成した艦船や大砲と同じように長期間にわたって熟練兵を兵役にとどめておくわけにはいかない。そこで必然的な帰結として、常備軍は早急に創設することも、強制によって維持することもできないから大規模でなければならぬ、ということになる。

海軍軍備の数量――艦隊を構成する軍艦の数および艦種――を定めたならば、配置すべき兵員の必要人数は容易に割り出される。この総兵員は、ある一定の基準に従って海軍常備軍と予備軍との間に配分される。両者の間に一定の比率を設けなくても、予備役は全体のきわめて小さな割合にとどめるべきであり、またわが国のような小海軍では予備役の服務は比較的長期になるであろうと、筆者は確信している。

このことはとりわけ重要である。なぜなら、海軍は小規模であればあるほど、常に敏捷かつ効率的に行動する必要があり、また維持費も少額でなければならないからである。実際、量すなわち数が少ないほど、質が優秀でなければならない。海軍全体の質の良否は物資（軍備施設）の問題よりも、むしろ人員の問題なのであり、人員の質は、海軍における各兵の高度の能力によってのみ維持されるのであり、多数だが精鋭ではない予備役に頼ることで、その質を低下させてしまってはならないのである。

「片足を海上に、片足を陸上に置き、
そのどちらにも双脚でしっかりと立っていない」

ような水兵を艦隊に乗り組ませるわけにはいかない。それは不満足な一時しのぎの方策でしかありえず、艦全体の能力を損なわないためには、このような不適格な兵はごく少数にとどめねばならない。海軍予備役の本来の活動領域は、沿岸防衛のための水雷艇および遠洋海戦を補助する通商破壊艦なのである。けだしこの両者における任務は比較的単純で、その組織もまた簡単だからである。

合衆国のさらされている軍事的危険は、すべてその国境外、つまり海上において最もよく対処できるものである。海戦の準備——すなわち、敵国海軍の攻撃に備える守勢と攻勢のための海軍力の準備——を完成することは、およそ将来起こるべきいかなる事態に対しても準備を整えることにほかならないのである。

アジアの問題（抜粋）

一九〇〇年

序文

前進する世界の動きは、その速度と方向の両方とも、地理的・物理的状況によって大きく影響される。これに人種的特質を加えると、国内的・対外的なもろもろの推進力によって徐々に歴史を形成する主な構成要素になると考えてよかろう。

その構成過程は諸事件のなりゆきのなかにみることができる。ところが、最近の歴史上の事件も、完全に過去のものとなっている事柄も、ともに巨大な量の細目を包含しており、個々の細部は多種多様かつ相反する方向に作用するので、それを調べる者にまったく混乱した印象を与えるが、その裏には、一見したところ看取できない決定因を秘め、実情を巧みに隠蔽しているのである。しかし、これら決定因は常に実在しており、個々の事件それ自体では混沌たる様相を呈し、十分に制御力の効いた指導的原理を欠くようにみえても、実はこの決定因が広汎にわたる事象を形成し支配しているのである。

完全に過去に属する歴史の領域では、一時代が終わり新しい時代が開幕したと明示されるだけ事件が解明されており、その結果をもたらした主要な原因を見抜き、相互作用を相当正確にたどることが、丹念な観察者には可能である。しかし、現在の時点で作用している諸要因を見出し、その相互関係を突きとめる段になると、そう容易ではない。ましてや、個々の要因がどの方向に動くのかを見定め、その影響力がどのような結末に導くのか推しはかるのは、なおさら困難である。この点にこそ、歴史と予言との間に雲泥の差があるのだ。

にもかかわらず、歴史の研究の方が確実だとするならば、未来の予言の方が一段と緊急を要するのだ。たしかに、歴史から過去の教訓を体得するならば、将来の行動の指針として非常に有益なものが得られるに違いない。しかし、過去の教訓を活用しようとしても、今日の情勢は以前と大きく変わっているので、その適用はきわめて困難な問題となり、確実な知識を得るというよりも、判断と推測の能力が要求されることになる。

事実、こうした問題に関して断定することは、空理空論の教条主義者にのみ許される疑わしい特権であって、的はずれの結果に終わるのが普通である。過去から導き出した教訓は、未来の前兆を詳細に考究することによって補完する必要がある。

こうしたプロセスには確実な結論は望むべくもないが、それでもわれわれは現在、過去を問わず表面的な状況の底には必ず不変の真実と要因があり、それを見出し明確化するならば、少なくとも決定因の存在、そしてその特徴および相互関係を確かめうるのである。それだけでも大きなプラスであり、諸国や人類の指針として益することであろう。たとえ、予期できない出来事が介在するため、これら決定要因が究極的にどのような形で結合するであろうかということを、正確に予測するのが不可能であったとしても。

現下のきわめて重大な問題について、これら諸要因を明確に見定め、その相互関係を可能なかぎり考察することが本書の目的である。

まず第一の論文「アジアの問題」では、その顕著な恒久的特徴を識別し説明することを狙いとしている。この論文は、本年つまり一九〇〇年のはじめにほぼ脱稿していたため、中国における最近の暴動（義和団事件）――その原因は疑いもなく勃発の少し前から影響を及ぼしていたのだが――の以前に執筆されたものである。第二の論文「アジア状況の国際政治に及ぼす影響」（本書では次の論文）は八月に書きあげたもので、第一論文で指摘した恒久的特徴が、現下の政策形成の与件となるべき刻下の政治的状況に及ぼすであろう影響を、歴史的に調べようと試みている。（下略）

A・T・マハン

一九〇〇年九月

第一章

この研究は、二つの一般的命題から出発し、またそれにもとづいている。すなわち第一に、今日の〔世界の〕活動舞台が、ロシア領土の広大さのために連続性がいっそう目立つ、ひと続きの長い境界線の両側面に位置している、ということである。そして第二の命題は、この明白な〔地理的〕状況からして、今後生起する闘争は大陸国と海洋国との間のものであろうということである。

このように大陸国、海洋国の両者が最たる抗争の相手になると認めることは、次のような事情を無視するものではない。つまり、いずれの側も純然たる大陸国、海洋国として発展しうるわけではなく、双方ともに他の側の利点を必要とし、ある程度それを利用しようとするものである。換言すれば、大陸国は海岸まで達し、自国の目的のために海を利用すべく努める。他方、海洋国は陸上における援護を確保しなければならない。〔中略〕

一般に、関係諸国の傾向は自国の自然な利益を追求することであり、こうした状態は有益であるがため、より永続的であると期待される。それゆえにこそ、ドイツ、イギリス、日本、およびアメリカ合衆国の間に、利害の連帯が生じるのであり、諸状況が比較的不変と見受けられるので、この利害の連帯は単に一時的ではなく、長続きする見込みがある。

まず諸状況を検討し、簡潔に述べておこう。なぜなら、ロシアと併せ考えると、これらの国々の状況は境界線の両側面において、軍事的――したがって政治的――な関係を生ぜしめるからである。

これらの国々のうち三ヵ国（英・米・日）は、顕著な海洋国家であり、その軍事力の点では圧倒的に海軍を重視している。だが、ドイツのみは異なっている。とはいえ、ドイツにしても、近年、商業の発展にともない、未開発地域において自由貿易を望む側に必然的に立たざるをえない。

未開発地域がドイツの手中に入ることは期待できないので、ドイツも他の国々と同様に、こうした地域に〔諸外国が〕排他的な支配権を獲得することのないよう予防手段を講じざるをえない。事実、すでにドイツがそうした手段を講じていることは、海軍の大々的な増強を計画しつつあることによっても明らかである。したがって、もし中国において必要とあらば、これら四ヵ国は、海軍力に支えられた協同行動の方針をとることが予想されよう。

これら諸国は、海軍艦艇の根拠地が手近にあり、しかもその艦隊力が卓越しているということだけで、陸上からの攻撃に対しても十分に守られているのである。もっとも、ドイツはその例外であって、膠州《こうしゅう》（山東におけるドイツの租借地）は、より脆弱なのだが。他方、日本は完全に島国的な地理的状況によって守られ、また香港は、敵対する可能性のあるいかなる大陸国の中枢からも遠隔であるので、安全に保護されている。アメリカはフィリピンを領有することで、同様に安全な根拠地を保持している（あるいは、保持せざるをえなくなった、とさえいえるであろう）。

上述の状況が、現状においてこれらの国々の海軍に制海権を保証しているのである。もし緊急事態発生の場合、四ヵ国（英・米・日・独）の海軍力は、その根拠地や艦船、攻勢・守勢の兵力の点で——またその陸上施設でも艦上装備でも——ロシアやフランスの海軍力を凌駕している。

しかしながら、これら純然たる海洋国といえども、陸上の諸条件の助けを受けているのである。すなわち、ロシアの境界線の一側面には日本軍がひかえており、そこから五〇〇〇マイル離れた反対側にはドイツ軍が構えている。そして、ドイツ軍に対する懸念はアジアの問題に関連してくることから、アメリカがヨーロッパの一国の絶えざる拡張に直接の利害関心をもつということが明示されるのである。（中略）

アジアの全般的な問題をめぐって、大陸国か海洋国かによって利害の一致、不一致があるという認識は、海洋国に大陸国との関係が敵対関係に悪化しないよう、たゆみなく細心に警戒させるうえで影響力をもつはずである。もし、そうであれば、大局的かつ全般的な見解が、直接かつ個々の行動に有益な効果をもたらすことの顕著な例証となるであろう。

こうした方針を立てそれを実行する国は、もし政治的に慎重にふるまえば、不断に利益を与える証拠を示す——また、そのように期待される——ことによって、周囲の国にも好影響を及ぼすであろう。そうすれば、〔広大なアジア地域の〕有機的な組織化と進歩発展を着実に促進し、巨大な領土全域の確固たる基盤を得ることができよう。そして、圧倒的な海上権力を有する一国が、領土的基盤をも併せもつに至るとき、その支配権は決定的なものとなるであろう。こうした諸地域において、軍事力に必要な原料が豊富で良質であることは、いうまでもない。

これまで提示してきた考察は、大まかに北緯三〇度線と四〇度線との間に位置する、アジアの中間地帯の両端もしくは両側面における状況とその展望を示すものである。上述のことから、次のように簡約に推断できる。すなわち、この地帯の東部地域——中国とその属領——は、外部世界にとって、より直接的な商業上の関心をひき、その将来に関する決定は、より切迫している。他方、レヴァントやスエズをほぼ中心とする西部地域は、ヨーロッパ、インド、中国間の交通の要路にあたるため、軍事的にみても、究極的にいっそう重要になるのである。（中略）

＊　＊　＊

アジアの諸民族がゲーム遊びの駒でさえなくて、あたかも勝者の手にころがり込む賭金のごとくみなされていることは、疑うべくもないように思われてきた。しかし、現実はそのようなものではない。

アジアの諸民族の状態は、ある面では、羊飼いを失った羊の群れの状態に酷似しているかもしれないけれども、彼らは飼育された羊の状態ではけっしてない。なぜなら、アジア人の天性の性格が個々人に現われるときは、剛健でエネルギッシュかもしれないのだが、アジア民族の精力の大半は発展を頑迷に拒み停滞状態にしがみつくことに浪費され、その結果ついに——社会制度であれ、政府形態であれ——自力再生が明らかに不能な状態に陥ってしまうからである。

もし、この一般的命題がほぼ正確だとすれば（そして事実、既知の状態には、この命題を支持する根拠が多いのだが）当然、次のいずれかの結論に達する。すなわち、アジアの諸民族は、予測しえない将来にわたって、停滞状態にとどまらなければならないか（それは考えられぬことだが）、さもなくば、外部からの衝撃によって活動、進歩、そして改革を開始せねばならなくなる、ということである。

後者の場合、こうした衝撃の原因とその性格の問題は、それ自体きわめて重大であり、また諸変化はその手段、そして究極的には〔アジア民族の〕性格、組織化、行動にまで結果的に波及するに至る点からも、明らかに世界にとって最たる重大問題である。したがって、もし強力な衝撃が主としてスラヴ（ロシア）的なものならば、それ特有の結果が生じるであろうし、チュートン（ゲルマン）的な衝撃であれば、それ相応に結果も異なるであろうし、さらにアジア的な衝撃を受けるならば、また違った様相を呈するであろう。（中略）

結局どのような結果に落着するかは、われわれの現在の視界をはるかに越えているので、四億の中国人といった巨大な大群が、一つの効果的な政治組織に結束して近代的設備を装備し、すでに〔人口数からして〕窮屈な領土内に閉塞されているという現状を、われわれが平静に見守るのは困難である。

現在、中国の文明は、それを取りまき衝撃を与えている諸般の影響によって形成されるべく運命づけられているが、その文明の性格のいかんが、世界の将来を大きく決定することであろう。なぜなら、文明というものは結局、外的環境による物質的発展ではなく、個性、さらには個性を通じての国民性の向上を意味するものだからである。

したがって、こうしたアジア諸民族の将来を無視するからではなく、これら諸民族、ひいては人類全体にとって、将来の方向性がきわめて重要であるがゆえにこそ、〔アジアでの〕影響力の獲得をめぐって抗争する諸外国間の力関係とその性格とが、焦眉の関心事になる。

諸外国の力関係の変動——といってさしつかえなければ——は、長い歴史の序章であって、その終章はこの歴史の出発点に大きく関わっているのである。それは長い長い目でみる展望であり、どのような予測の方法によっても、結末をうがつことは断じて不可能である。しかし、ある程度までは事態のなりゆきについて断言することができる。すなわち、危険な要素と有利になる要素とが確実に大きいので、いまや真剣に警戒し先見の明をもつことが要求されている。

そしてそのためには、いかなる唐突かつ極端な事態――いかなる革命的な事態――をも惹起させないための保障として、状況を慎重に判定し、不断の用心を怠らず、精力的に努力しつづけなければならない。また、時間――安全を保つうえでの偉大なる要素――をかせぎ、その作用によって、急進的な変革を漸進的な発展に鈍らせるようにしなければならない。

というのは、この過程の性格のいかんを問わず、その結果これらアジア諸民族の特性が消滅されるわけでもなく、〔むしろ反対に〕アジア文明を、長期間それとは無縁であったわが〔西洋〕文明のなかに、新しい要素として導入することになるのである。それは、かつてチュートン民族の特性がローマ文明のなかに――多大の緊張をともないはしたが、突発の動乱によってではなく――長い発展過程を通じて入っていったのと同様に、本質的にほとんど異性の間ほど異質な人種的特性が、相互に影響し合う形の同化でなければならない。（中略）

したがって、われわれの第一の緊急課題は、いまこそヨーロッパ文明が天の配剤ともいうべき重大な試練の時期にさしかかっている、と認識することでなければならない。つまり、東洋文明と西洋文明とが、なんらの共通点も有さない敵対者として相対峙するという結末となるのか、さもなくば、西洋文明が新しい要素――とりわけ中国――を受け入れる結果になるのか、そのいずれかに落着すべき進展は、すでに始まっているのである。

こうした新要素は、いかに自らの民族的特性を保持しようにも（そしてそれは望ましいことであり、ラテン民族やチュートン民族は今日でもその特性を残しているのだが）、長期にわたる親密な接触によって甚大な影響を受け、わが文明のなかに同化されてしまうので、両文明の将来の融合は平和裡に進み、自然な形で実を結ぶことであろう。その達成には、必ずしもおのおのの民族性を一体化してしまうことが必要なわけではないが、しかし、単なる物質的発展にとどまらず、精神的な結合を宿していることが要求される。そして後者の進展は物質的進歩よりも、はるかに遅々たる過程である。（中略）

われわれはこれまで、この巨大なアジア民族の単に周縁部と接触してきたにすぎないのだが、この大群をわが西洋文明のなかに取り入れ、これまで彼らにとってまったく異質であった西洋の精神のなかに組み入れることは、今後人類が解決すべき最も重要な問題の一つである。（中略）したがって、今日われわれの直面する難題——東西間の長きにわたる疎遠、現時点での相互理解の欠如、そして究極的な結合の達成——を理解するには、単なる商業的利益の観点、すなわち目前の利害しか考えない近視眼的な見方では不適切であることは確実であろう。（中略）

本論ですでに提示した、また後述するであろう要因はすべて、単に目前の利益のみではなく、より遠大で必然的に将来起こる事態という見地からも熟慮すべきである。すなわち、将来これら諸民族、とりわけ中国人が自らの力に覚醒して立ちあがり、西洋の方式や技術の導入により組織化された結果、自らの巨大な人口に見合うだけの影響力の行使を主張して、全体の利益に対する自らの分与を要求しうるようになる将来、という長期的見地からも考慮すべきなのである。

そうした事態に直面する後世の人びとは、そのときになって、われわれが今日のこの時点で彼らに対する義務として当然認識しているべき事柄を悟るであろう。つまり、アジア民族の発展が単に物質的側面にとどまらず精神的なものでもあることが、世界にとっていかに重大であるか、そしてわれわれの間でも数世紀にわたるキリスト教の伝播によって徐々に形成された理想を、アジア民族が吸収しうるだけの時間を与えてやる必要がある——ということである。

第二章

中国の不安定な状況から発生して、わが〔西洋〕文明諸国間に激化しつつあるライヴァル関係は、長らく懸念されていたものの、公然とは認められていなかったが、いまやそれは、いうなれば彫像の除幕予定日にも似た時期にさしかかっている。彫像の存在自体はなにも秘密ではなく、それを覆うヴェールのひだに像の輪郭が表わされていたにもかかわらず、陳列の当日に至るまでいわば無視されていたのである。

過去から未来へと事象は本質的には従来どおり継続していくが、しかし、除幕のときに至って、変化がいかに甚大であり、緊迫感や責任感がどれほどつのるものか、誰でも経験を通じて知っている。そしてその瞬間、長らく隠蔽されていた現実を直視せざるをえなくなる。

われわれは自ら動くことなしに何年間もの出来事を通過してきた。しかし、無期限に引き延ばし可能と思われた行動も、いまではあまりにも長らく遅延してしまった観がある。また、とらえることのできたかもしれない機会の数々が、取り返しのつかぬまでに失われてしまったようだが、それは無頓着と怠惰のため、われわれが天の配剤による試練の日の到来に気づかなかったからである。（中略）

上述のような観点から問題の所在を認めるならば、一つの解決を試みることができよう。外部よりなんらかの干渉があるものとの前提――それは非常にありうべきことというより、現実に始まっているのだが――に立てば、問題解決の鍵は諸外国の間の政治的均衡に求められるであろう。

その場合、いずれか一国――もしくは他の国と連合を組んだ一国――が過度の優勢を占めるという事態は、それぞれ安定した基盤に支えられる敵対勢力の均衡によって防げるであろう。また同時に、それは〔これら諸外国の〕影響を受けるアジア民族の物質的・精神的発展を、その健全な成長に最適のスピードで促進することになるであろう。かくして、アジア民族が自らの特性や資質を依然として保持しながらも、首尾よくヨーロッパ文明に接合される、望ましい日の到来が早められるであろう。

ヨーロッパ文明においては、その欠点が何であれ、こうした接合が同文明に属する人びとに個人的・社会的・政治的福利の最良の果実をもたらしてきたことは確実である。このきわめて重要な変化が成功するならば、〔ヨーロッパ文明に接木された〕他の諸文明の枝々は、今日の国際社会を構成しているメンバーと同様に自立・自治民族の機能をすべて果たしうるようになろう。

われわれの時代にあっては、まさにそうした変化が日本で達成された、と述べるのは過言であろうか？　制御可能の規模の国である日本は、これまで異質であった〔西洋〕システムの利点を物質面・思想面の双方にわたって摂取する可能性と、自らの国家的特性を犠牲にすることなく、〔西洋〕生活を営む共同体に参加する可能性とを証明した、といえるのではないか？

日本が中国のような政治的麻痺状態を体験したことがないのは疑いもなく事実だが、日本は外国勢力の衝撃を痛感したため諸制度の大変革を経て、広く一般の称讃を博しつつ、ごく最近になって国際的威厳と特権のすべてをフルに享受する国として出現したのである。

ここで、まだ日本を考察する必要が残っており、日本の役割の重要性は明らかである。なぜならば、日本は民族的にも地理的にもアジアの一国家だが、内外における行動能力を発揮することによって、公認の国際法のもとに、国際社会の一員として完全な資格を備えた国の地位を確立・維持してきたからである。

すでに注目したことだが、日本は島国としての国力に必須の諸要素を備えているので、必然的に海洋国家の地位を占めることになる。また、日本が〔アジア〕大陸に対して抱いている領土獲得の野望がどのようなものであれ、それは限られた範囲のものでしかありえない。なぜならば、日本の本土自体、隣接の〔アジア〕大陸と比べて人口が限られており、その限界をこえて日本が行動範囲を拡大しようと望んでいるとは、もちろん想像しがたいからである。（中略）

合衆国と同様に、日本もその地理的特殊条件のゆえに、最たる利害関係を特定の〔アジア〕地域および一大陸に有することが浮き彫りにされる。その反面、日本はアメリカと異なって領土がせまいため、世界の遠隔地に対して思うままに使用しうるようなありあまる軍事力は、はじめから期待しうべくもない。そのうえ、日本は、アジアに強大で近接した競争国が存在しているので、遠方への冒険政策に出る可能性がいっそうせばめられている。とはいうものの、地域的《ローカル》な領土占有がせまく限定されているということは、おそらくロシアを除けば、すべての関係諸国にも共通していえるのである。

日本は領土がせまいのと同様に、他の国々とは遠距離によって阻まれているので、中国に影響を及ぼそうと望んでも、海上権力によって軍事的に支えられる通商的・政治的関係を通じて中国住民に刺激を与えるしか方法がない。そして、海軍力は移動性に富んでいるから、隣接した地域のみならず、世界中いたるところ、その影響力の及ぶ地方で敵対勢力を押さえつける威力をもつ。たとえば、自国の利益をまもり、敵国の利権を侵害するように通商を支配することができるのである。

こうした〔海上〕権力の種類やその行使手段および直接の利害関係の点からみると、チュートン〔民族の〕国家群と日本とは一致している。もっとも、行使する影響力の性格に関しては両者の間に相違があるが、それは両民族のそもそもの特性、さらに重要なことには、継承されてきた伝統がそれぞれ異なっているからである。

日本はヨーロッパ的方式の摂取と応用とにかけて卓抜した能力と勤勉さとを示してきたが、それはいまだ日本にとって表面的な習得の域にとどまり、いうなれば一個の所有物でしかなく、日本〔文化〕の一部として融け込んではいない。（中略）事実、われわれの目からすると、日本はヨーロッパ文明の外面的かつ物質的な側面を、あまりにも最近になって大急ぎで受容しようとしたため、いまだにそれを完全に消化できずにいるという不利な立場（けっして取り返しのつかないハンディキャップではないが）にある。

国家的な政治変革（開国・維新）が始まってからの短期間のうちに、この変化が表面から深く奥底まで浸透し、根本的な国民的特性や思考様式まで変えてしまうというのは、どだい無理なことである。実際のところ、ただ漸進的な進化の過程を通じてのみ、それは健全な形で成就できるのである。

われわれが直面している問題に処するにあたり、ドイツ、イギリス、アメリカ間の協力——正式な同盟ではない——が最も自然な状態であろう。そして、この協力関係が長続きするという相当たしかな保証がある。というのも、共通の利益にもとづく協力関係は、その維持にあたり〔民族的〕起源、伝統、精神の点で基本的に同じ思想によって支配されるからである。

したがって、望むらくは日本が〔国際社会の〕パートナーとして仲間入りするようになれば、それはある程度持続する政治的協力という一位相の現われであろう。そして、さしあたり大陸国と海洋国とが敵対関係にあり、日本は後者に属するという事実にもとづいて観察すれば、それは便宜主義的な協力関係の現われであろう。

しかし、たとえそうであろうとも、そして共通の目標をめざして忠実に共同しているときでも、微妙かつ本質的な人種の特性がどうしても現われるものであり、また、必ずしも敵対感情にまで発展せねばならないわけではないが、理念や影響力にも〔人種の線に沿って〕相違が出てくるに違いない。この点、日本は中国と同様にアジア民族に属する。

にもかかわらず、日本がヨーロッパの規範と様式とを明敏かつ精力的に摂取したことは、よい前兆である。それは、かつてローマ文明がチュートン民族に浸透したのと同様に、ヨーロッパの規範や様式がアジア民族の生活のなかに深く浸透し、その生活を改造することであろうという、おそらく目下のところ最も確実かつ有望な保証となるのである。

しかし、前者の場合は、その結果、ローマ文明の単なる延長ではなく、あくまでもチュートン民族の文明が築かれたのであった。したがって後者の場合にも、われわれに期待できるのは、アジアのヨーロッパ化ではなく、アジアの再生ということであり、そのためには、アジアの一国（日本）が積極的に――否、イニシアティヴをとって――ヨーロッパ文化を摂取することが、最も有力な要因となるであろう。

しかしながら、ここで直視し率直に認めておくべき点は、先天的・後天的な人種的特性の相違にともなって、〔東西間に〕理念でも行動の面でも一時的な不一致が必然的に生じ、それが往々にして誤解、さらには衝突をすら引き起こす原因になる、ということである。このような認識をもつことは、願わくば正義と平和が勝利を遂げるべき将来〔の世界〕を築くよう、準備するための前提条件として必須であり、きわめて重要である。（中略）

大陸国対海洋国の相対立する利益と立場については、すでに相当詳しく検討してきた。一方、今日アジアにおいて接触するようになった〔諸民族間の〕気質的相違については、まだ体系的に論じていないが、それは三人種――アジア人種、スラヴ人種、チュートン人種――間の問題として要約できよう。これら三人種のどれ一つをとってみても、他の人種に対して、「見解一致」という言葉に表わされるような完全な理解を示すことは、現状ではできないでいる。こうした相違点を正しく把握し、認識し、受け入れること、そしてそれを不満の種としてではなく、克服すべき困難としてとらえることが第一に肝要である。（中略）

ヨーロッパとアジアに共通の利益のためにこれら三人種にとって望ましい長期的解決法は、アジア民族の特性や制度を破壊することではなく、ヨーロッパ文化の感化力を穏やかに

導入することにある。（中略）

既述のように、組織化された形で進展の準備を整えている国は、アジアでは日本しかないが、この努力が日本一国にとどまっているかぎり、日本は世界の動向――その弾みと推進力――を左右する重要な影響力を及ぼすだけの大きな存在ではない。さしあたって日本は、〔アジア人種以外の〕相対立する二人種のいずれの方が、その特性と野望からして、日本の直接的な利益にとって有利であり、またアジア人が天与の能力に即してアジアを自由に究極点まで発展させるために、より都合がよいのかを選択するしかないという立場に、やむをえず置かれている。そして、日本はこうした考慮によって自らの進路を定めねばならない。

ところで、スラヴ、チュートン両民族の間には周知の人種的相違があり、それは政治制度、社会の進歩、および個人〔の自由〕の発展度においても同様に顕著な相違として具現される。

こうした相違点は、ある程度は人種的特性に根強くもとづく根源的なものであり、またある程度までは両民族の何世紀かに及ぶ発展を取り囲む環境に由来している、と考えるのが理にかなっている。両者の間には、相互理解の欠如から生じた敵対関係があり、他方それに加えて、上に分析してきたように、アジアにおける〔陸上、海上の〕相対的地歩およびその結果必然的に頭をもたげる野望から、内在的に利益の対立が生じたのである。（中略）

人種的特性の根本的相違――精神を具体化するのが行動であるから、それは行動様式のなかにどうしても現われてくる――のほかにも、両人種の相違にもとづく付随的な分割線があり、それに沿っておのおのの利益や野望が明示されているのだが、この分割線は大陸国家と海洋国家の概念によっても表示される。この区別は、現有の領土からも、現在の野心からも生じるものである。

またこの区別には、両民族にそれぞれ固有な立場、およびアジアにおける利益と欲求をめぐる共通目標の達成手段や交通連絡の問題が大きく関わってくる。三大民族のうち、チュートン民族は海洋〔支配権〕を占めており、スラヴ民族は海洋からほとんど締め出されている。しかし、チュートン民族は大陸国としては劣勢である。なぜなら、チュートン民族はその勢力の枝を多くの〔海外〕植民地に張りめぐらしているにもかかわらず、地理的にアジアから遠く離れており、それに対してスラヴ民族の領有地の大部分はアジアと隣接しているからである。

ところで、アジアと外界との交通連絡は海路によるのが最も盛んであり、この点でもまたチュートン民族が、海軍・通商両面の発展度において、競争にならないほど優勢を誇っている。（中略）

次に、中国に対する侵略の危険という観点から考察してみると、大陸国家は中国に隣接しているうえ、単独国として行動する自由をもっているので、海洋国家よりはるかに大きな脅威を呈する。なぜならば、後者の場合、海軍力は数ヵ国に分散されており、その国力の基盤

〔本国〕は中国から遠く離れており、さらにそのうえ海洋国家はその活力の源泉を通商に求め、軍事力を副次的なものとみなすので、その行使する手段の点でも、〔大陸国家よりも中国の〕福利を増進するからである。

したがって、海洋国家は〔中国などの〕相手国に対処するにあたり、征服するのではなく向上させることに特別の関心を抱くのであり、ここで目標になる世界の福利増進は、強制によるのではなく影響力の行使によるべきだとされる。そして、目標は一国もしくは数国による〔アジア〕諸国の略奪ではなく、その住民の漸進的な進化にこそあるべきで、それは物質的進歩と、これまでのところ最高度の個人的・社会的発展の成果をもたらしてきた一文明〔ヨーロッパ文明〕との、精神的接触を通じてなされるべきである。

こうした過程の基礎に軍事力――外部からの勢力の闖入を助ける力、そして外部勢力の相互間に対立をかもし出す力――が横たわっているということは、遺憾ではあるが、しかし、それは歴史全体を通じてみられる反復現象にすぎない。そもそも軍事力は、思想の力によってヨーロッパ世界を現段階にまで引きあげる際の手段であったし、またわれわれの社会組織はいうにおよばず、国内的・国際的な政治体制をも依然として支えているのである。

そこで要約するならば、長期的な将来を考えても、当面の政策の観点から眺めても、アジアの極東・極西両方面に位置するレヴァント地方での事件の結着いかんは、軍事力のプレゼンスに依存するであろうし、軍事力はその占領下にある要地およびその利用可能な数によって明示される。

自然かつ必然的な姿であるこの状態は、チュートン民族国家間の協力関係――正式《フォーマル》なものではないが、それでも明確に意識された協力――を要求する。それは、チュートン民族国家間の利害が基本的に一致するという物質的要因のゆえであり、またその利害とこれら諸国の軍事力の性格があいまって諸国を駆りたてる行動が、一致団結した精神によって鼓舞されるからである。つまり、それは通商の精神――相互交換の精神――である。（中略）

現に対立要因が存在するため、アジアの将来は、少なくとも敵愾心が調和に変移するまでは、軍事的配慮の支配すべき問題として残ることであろう。このように考えきたると、効果的な協力関係の性格やその方向は、戦略状況を規定する地理的環境によって示される。

これらの問題については、すでに十分に議論してきたので、ここでは概要的に次のことを想起するだけでたりるであろう。すなわち、中国こそ、その広大な領土と混沌たる現状からして、利害の主要な中心地である。しかも、中国の周辺には、ジャワから日本に至るまで、東アジアを構成する他の〔資源〕豊富な地方――大陸的・島嶼的領土――が群がっている。これら諸地方における将来の市場は、今日、注目の的になっている政治・軍事論議の短期的な対象である。

しかし、高度の政治経綸の観点に立てば、こうした目前の利益を越え、遠い将来の結末として、アジア民族がヨーロッパ文明を吸収・同化していく過程でさまざまな影響を受けるというなりゆきが、誰にでも予想される。

このような影響にさらされることによって、アジア民族は精神的に対等者、あるいは劣勢者、はたまた優越者の三者のうち、いずれの資格でヨーロッパ共同社会に加入するのであろうか？　また政治的には、彼らはヨーロッパから吸収するであろうか、あるいはヨーロッパに吸収されてしまうであろうか？（中略）

アメリカ国民や歴代のアメリカ政府は、スエズ運河やレヴァント地方の状況のもたらすような紛糾した事態を、アジアの将来との関連で現在かかえていないし、また今度かかえそうにもない。

今日われわれが直面している困難は海外の状況に由来するのではなく、われわれ自身の国民的思考習性に内在している。すなわち、差し迫った緊急事態の発生によって、いやおうなしにわれわれの意識に強烈な衝撃が加えられるまでは、海外の政治問題について学ぶこと、否、その存在を認めることさえ極度に忌み嫌う、という国民の思考習性である。

突如としてフィリピンをわれわれの手に委ねることになった最近の緊急事態が国民感情に及ぼした影響には、驚くべきものがあったが、しかし、ここで忘れてならないことは、単に惰性的ではなく自発的に幾世代にもわたり信奉され、徐々に強化されて深くしみ込んだアメリカ国民の思考習性は、米西戦争にひきつづく鮮やかな印象や強烈な感情が時の経過とともに薄れていくにしたがい、必ずや逆もどりして元のもくあみに帰する傾向にある、というこ

とである。（中略）

このような傾向に抵抗することが必要とされる際には、まず現実を把握し、それにともなうアメリカの責務と利益を認識することが要求される。なぜなら、このような責務と利益――長期的なもの、目前のものを問わず――のなかにのみ、国家政策の遂行にあたって、反駁の余地なき理由と永続的な目的が見出されるからである。

本稿の主張の基礎をなすものは、今日では相当広く受け入れられている前提、つまり、一九世紀後期を特徴づける広汎な膨張運動のなかで、一般的には太平洋、特に東アジアが、短期的・長期的将来において、すべての国々に共通な主たる利益対象として注目されている、という前提である。（下略）

アジア状況の国際政治に及ぼす影響（抜粋）

一九〇〇年

日本は世界強国に仲間入りするにあたり、いわば確信をもって自発的に改宗した信者のような、より困難で自己決断を要するかたちで加入したのであるから、なおさらのこと日本はその国民的特性の名声を高めたのであって、その名誉になる。

日本は、自国の人種的な特異性やその歴史的過去を無視したり卑下したりしたわけではないが、日本の旧来の慣習とは相いれない西洋のシステムの利点を——行動面にとどまらず思想面においても——看取し、それを摂取していこうとする英知をもち合わせている。

もし日本の発展が、誰の目にもつく物質的進歩の受容の域を出ないものであったならば、日本が発揮した才能はそれほど評価を受けなかったであろう。しかし、日本がそれにとどまらず、漸進的に発達してわれわれ西洋諸国を支配するようになった知的・道徳的理想の影響にも開放的であることを示したことは、より大きな希望を抱かせる。したがって、一粒のからし種が根づけば、芽を出し、やがて大木へと成長できるような、よく耕された肥土を日本のなかに見出しうるか否かは、熟考に十分値する問題である。けだし、このような展望はアジア大陸の諸民族社会を動かして、自らの再生のため日本と同様な更生力を求めさせることになるかもしれないからである。

日本はこの変革において、われわれチュートン民族の祖先たちが経た体験、すなわち彼らがローマの政体およびキリスト教会と接触をもつようになったときの経験を、繰り返しているのである。

日本にとってもわれわれにとっても幸運なことに、現在のわが西洋文明は、当時ローマが達していたような初期の政治的退廃状態、末期の道徳的デカダンスの状況（キリスト教が浸透しはじめていたにもかかわらず、その感化力をもってしても効果的に食い止めることができなかった）にはない、と断言してよかろう。そして、アメリカをも含むヨーロッパ諸国の、悪ではなく善をなす精力と活力が、衰退ではなく増進しつつあることは、アジアに影響力を有するわが国や日本にとって幸運である。（中略）

日本において――これまでのところ日本一国のみだが――われわれはアジア人がヨーロッパ文化を歓迎して受容した実例を目撃している。そして、樹木の真価はその枝に実る果実のいかんによって判断するのが正しいとするならば、ヨーロッパ文化のなかにこそ、人類に幸福をもたらす最適条件を満たす最も明るい見通しがあるのだ。この条件とは、個人の自由と、一般の福利の要求に十分――しかし過度にならぬ程度に――応えうる法律的拘束とを適正に組み合わせたものをいう。

上記のような国民的特質からくる独特の差異によって、〔西洋文化に対する〕日本人の受容性がアジア大陸の諸民族のそれと違ってくるのだが、おそらくその差異は、日本の強力な国民的個性《パーソナリティ》の形成を可能とし、それを助長した島国的環境の影響によるもの、と理解してよかろう。そして、この同じ状況のなかに、日本が採用して利益を得た新しい政策を――その模範と影響によって――日本と同族のアジア諸民族に対して維持し伝播する力を期待しても、誤りはなかろう。

こうして日本は、自らヨーロッパ諸国民の発展のなかに見出した模範を、アジア民族に伝播することになるであろう。（中略）

ところで、中国における現下の状況*が緊迫しており、わが国や日本とともに、すべてのヨーロッパ強国が一様に関心を寄せていることは明白であり、列強は完全な共同歩調とまではいかなくても、共通の目標をめざして行動することを迫られている。しかし反面、これまで各国がそれぞれ遂行してきた政策を少しでも軌道修正するようなことは――一時的な逸脱を別とすれば――単に表面上でしかありえないということも、また明らかである。

決定因となる実質的な状態をみれば、なんら変化は生じていない。北京での蛮行〔義和団事件〕や中国在住のキリスト教宣教師たちの悲劇は、はじめから表面下に潜在しているとわかっていた危険が、警愕すべき形で現実化した一例にすぎない。

概して東洋人は、国家レベルであれ個人単位であれ、変化しないものだから、それはなおさら確実である。今年中国で発生した事態は、〔外患への〕恐怖という抑制力が働かなければ、一〇〇〇年以前とまったく同様に今後とも東洋で繰り返して起ることであろう。なぜなら、東洋は進歩しないからである。（中略）

＊　本節は一九〇〇年八月初旬に執筆。

現況のアジアに関して、ヨーロッパ列強は相互間の利益が一致するとともに対立することを学んできた。この利益の一致というのは、アジア諸民族をキリスト教国家の国際社会の範囲内に編入すること、しかも外部から足かせや手かせで強要してではなく、アジア諸民族の内から促進される再生によって編入すること、と規定してよかろう。

この原則が理知的に把握され、実践面でも遵守される場合、それは、あらゆる事前対策によって各国の国家利益を周到に擁護することと完全に適合する。そしてこの原則は、はるかかなたの将来をめざして影響を及ぼしていく。その際、この原則は単なる夢などではなく、その間に直面する日常的な難局に処していくための目標や指針を提供するのである。

合衆国政府は、その政治体制により国民各個人の偉大なコミュニティにもとづく国家的主権を代表して、こうした相互補完的で表面的には相矛盾する理念を両方とも認めたのみならず、最近アメリカの態度を宣明した際にも、それを明白な表現で公式化したといっても過言ではあるまい（一九〇〇年七月、ジョン・ヘイ国務長官による中国の領土保全、門戸開放の再提議をさす)。

これらの理念とは、他のすべての進出勢力に対抗しても、わが国は自らの権利を主張し、利益を擁護する義務を負い、それと同時に中国政府のみならずその国家の不可分一体性を尊重する、ということにほかならない。中国政府と民衆がその国民生活を再生、強化しうるよう援助の手を差しのべることは、上記のような義務感と完全に一致する。それも、われわれがこうるさく干渉するのではなく、寛大な同情を寄せることによって援助するのであって、ただ必要なかぎりにおいて補足するために積極的支持を与えよう、というのである。

わが政府のこの〔門戸開放〕宣言は、たしかに最近の出来事に触発されたとはいえ、その主要な狙いは、過去の長い年月を通じてわが国民一般の賛同によって裏打ちされた、非干渉という目標を表明することにあるのだから、同宣言はなおさら重要な意義をもつ。

それに加えて、最近突発した新奇な事態から生じた新しい義務と政策の規定を、同宣言は〔一八九九年九月の門戸開放宣言の〕修正というかたちで行なっている。この点にこそ、一方では先を見越して長期的に達観する合理的な政治経綸の理想主義と、他方では現下の緊急事態に臨機応変に対応して、しかるべく行動を変更する実際的な能力とが、適正なバランスに近いかたちで融合されているのをみることができるのである。(中略)

すでに論じたように、他の〔ロシア、イギリス以外の〕諸大国――アメリカも含む――の領土は、アジア大陸から離れて外部に位置しているので、極東で軍事力を行使しようとすれば、必然的に海上権力に頼らざるをえない。したがって、これらの諸国は一般的な目標に関してはイギリスの側にまわることになるが、その結果イギリスと正式な同盟関係を結ぶわけではけっしてない。

また、これらの諸国が追求する手段にとどまらず目的の点でも、イギリスに類似せざるをえなくなる。なぜならば、イギリスと同様、これらの諸国はアジアから地理的に遠くへだたっており、その最も重要な利害関係を世界の他の地域に有しているので、中国の内陸に兵力を投入しようにも、容易に動員できる余力をもたないからである。

この弱点は、以前から十分に明らかであったのだが、現況においてはいっそう有力な実例が生じている。しかし、このことは合衆国よりもむしろヨーロッパ諸国の方に、よくあてはまる。というのは、最短航路をとれば、わが国の方が中国に近いからであり、〔合衆国を取り囲む〕大洋がわが国の防衛のきわめて強力な支えとなり、その分だけわが国に海外活動に乗り出す余裕を与えてくれるからである。

それに加えて、わが国の人口は巨大で増加しつつあり、さらにフィリピン群島――太平洋上の島として、中国と同じほどヨーロッパから遠く離れている――におけるわが国の根拠地が、アメリカ本土のもつ防衛上の利点にも相通じる有利な位置を占めているからである。それにもかかわらず、茫漠たる太平洋の広がりは、イギリスと南アフリカとをへだてる距離と同様に、わが国の〔中国における〕軍事行動を困難にし、軍事介入が避けられるときは、常にわれわれを気乗り薄にせねばおかないのである。

他方、日本は中国の近くに位置しているが、その領土がせまいため、人口および国富に制約を課されており、その結果、日本の国力は長期にわたって制限されつづけるに違いない。

（中略）

通商の拡大とそれにともなう利益は、今日ヨーロッパ諸国をして中国圧迫に駆りたたしめる目標の、単なる一部分にすぎない。東西両文明の緊密な接近と接触、およびその結果生じた相互作用は、非干渉主義こそ正当だという主張によっても、また、いわゆる独立国のみが自国の内政を統御する伝統的権利を有するといった論拠によっても、もはや無視もしくは延期しえない問題となっている。いまやそれは、中国の孤立といった意味での、中国一国のみに関する問題ではなくなっている。

両文明の接触および相互作用は、すでに開始されており、この過程を逆転させることも停止させることも不可能である。ここで試みて効果のあることといえば、この過程を導き方向づけることしかなく、その手段として、双方の文明のすぐれた諸要素が、金銭的利潤を狙う動機――完全に正当であるにせよ低次元で、しかも強力な動機――に対抗して自由に作用できるような条件を整えることが要求される。

これまで西洋列国は、中国で自由な売買行為が認められるよう主張してきたし、その反面、中国人に対してもまた、われわれとの通商を強要するそぶりを示さず、人類を動かす利潤追求の動機から中国人が自由かつ個人的に行動するがままにまかせてきた。しかし西洋列国は、商品と同様に自らの理念を中国に伝播する許可と、中国領土において個々の中国人と思想の交流をすすめる自由を強く要求しなければならなくなるだろう。もちろん、この場合にも同じく、中国人に西洋の理念や思想を傾聴、ましてや受容させようと強制してはならないのだが。

後者の要求に反対する筋道立った論拠はないし、また同じく前者の要求に反対する根拠もさらさらない。むしろその反対に、貿易に門戸を開放した中国が、われわれにとって大きな利益になるのであれば、われわれおよび中国自身にとって非常な脅威になるのは、中国が西洋の提供する物質的利点によって富み強化する反面、西洋諸国の政治的・社会的行動を起動させ支配してきた精神的・道徳的な諸力を十分に理解、ましてや受諾しないことであり、西洋の物質的利点の活用がこれらの諸力によってコントロールされなければ、われわれにとっても中国にとっても危険は極度に大きい。（中略）

したがって、中国問題に対処するにあたり配慮すべき主要目標は、次の二点にあると思われる。すなわち、㈠一国もしくは一つの国家群による圧倒的な政治支配の防止、㈡通常に用いられているよりも広義な意味での門戸開放――つまり、門戸を通商のためのみに開放するのではなく、ヨーロッパの思想やそのさまざまな分野の教師たちにも（彼らが外国政府の手先としてではなく、自発的に入国を求めたときには）開放するという主張、である。

思想家の影響は、単なる通商的利益をはるかに上回る真価があるけれども、それが裏目に出ればヨーロッパの国家群を現実の危険にさらしかねない。すなわち、ヨーロッパでは物理的な実力を効果的にコントロールする影響力となった、より高度な理念のもつ矯正的かつ高潔な要素を抜きにして、中国が組織化された実力を伸ばす場合には、ヨーロッパ諸国に脅威を呈することになるのである。

こうした観点から合理的に眺めると、宣教師の運動を平和的発展や進歩と相いれないものとして騒々しく非難することの愚かさかげんが明らかになる。なぜなら、キリスト教とその教義がヨーロッパ文明の精神的・道徳的要素として現に占める重要性は、物理学や自然科学の方式がヨーロッパ文明を築きあげるうえで果たした役割に比して、なんら遜色がないからである。（中略）

簡潔にいえば、われわれは中国の門戸開放を維持していくうえで、わが国なりの役割を果たす覚悟がなければ、いわゆる「門戸開放」の通商的利点を確保することができない。また、わが国の〔中国における〕権益が剝奪されて、われわれの通商が締め出しを食い、影響力が無に帰することになる恐れのある場合、それに抵抗してわが国の道徳的影響力、さらに必要とあらば物理的な実力を投入して戦うことも辞さない覚悟がなければ、われわれは〔諸外国による〕中国領土の尊重を期待しえないであろう。

わが国の及ぼす影響は善を助長する力である、とわれわれは信じており、またそう信ずべき理由がある。なぜなら、それは諸民族が自らの運命を切り開いていく権利を尊重し、そうした能力が彼らにあるという信念を過大なまでに貫こうとする国の行使する影響力だからである。

しかし、代表的な中国人たちが、わが国の目的や意図を理解してくれなければ、われわれは中国における国家的影響力の行使を望んでも無駄であろう。すなわち、わが国は中国人に対して高潔な目標を追求するのみならず、他の外国が度を越えた理不尽な要求を中国につきつけたとき、それに反対して中国を支持するのに十分な能力をもち、その決意もしているのである。

そしてわれわれは、単に自国に直接響く利益を考慮するにとどまらず、世界全般の利益をも配慮しており、アメリカはこの問題について、自ら国家的損失を招くことなしに世界的利益と縁を切ることはできないのである。（中略）

一般原則（門戸開放原則）を受け入れようとする人びと――私見では、そのような人びとは多いと思われる――に、私は次のようにいいたい。わが政府（ということは、わが国民のことだが）は、中国の到達した現段階において、中国問題が周囲の環境に翻弄されてあてもなく押し流されていくのを放任することはできない、と。中国が、より健全な政治的理念と高度に知的な理想を、自発的に受け入れて漸進的に身につけ、その内部から正常な発展を遂げることこそ望ましい姿である。

国家は、一日にして生まれたり再生されたりするものではなく、また、それを構成する個々人がいかに人格的に秀でているといっても、単に外部からの圧力によって、活気ある国家的有機体に組織化できるわけではない。国家の成長過程はその内部的発展によるものであり、先天的もしくは後天的な活力が、すでに存在していることを当然の前提としている。

しかしながら、今日の中国は、外国からの圧力や援助なしに、自己再生を遂げる活力もないし、外部から〔成長のための〕滋養物を摂取・消化しうる状況にもない。それは半世紀前、少なくとも類似した形で日本に存在した状態とは対照的である。もっとも日本とて、発展の機会を有効に活用できたのは、自らイニシアティヴをとって努力したというよりも、外圧に負うところが大きかったのだが——。

中国はかつて〔鎖国時代〕の日本のように、西洋の影響を排斥してきたのみならず、長年にわたり接触の機会に恵まれてきたのちも、その感化力の浸透をかたくなに拒否してきたが、西洋文明の普及のみが中国人の停滞に終止符を打ち、活力を与えることができるのである。現在進行中の反動的運動*（義和団事件）は、中国に真の活力を与える唯一可能な源泉（欧米文明）を遮断することを狙いとしている。したがって、この排外運動に対抗するのは当然許されること、否、われわれの義務である。

＊ 本節を記述したのは一九〇〇年八月一〇日である。なお、救援軍が北京に到着したのは八月一五日。

一般の利益の観点から、中国がヨーロッパとアメリカの生活・思考過程に即して進歩できるため〔その門戸を〕開放しておくよう、必要とあらば実力行使によって強制することは、わが国の責務である。力ずくで中国に水（欧米文明）を飲ませようとしても、どだい無理――否、不可能――というものであろう。しかし、中国は最小限度、その国民の口もとまで水を運んでやれるよう認めねばならないのである。

たとえ、アメリカが完全に手をこまねいて傍観していても、この役割はいずれにせよ〔他の列強によって〕演じられるであろうから、わが国独自の貢献をしないというだけの結果に終わる。わが国は、神や人間に対する責任を放棄することなしに、この援助を拒否することができようか？

中国の国家的独立や国民的特性を尊重するわれわれの態度は――ときたま馬鹿げたほど極端に走ることもあるが――信用を博しており、それゆえわが国の援助はとりわけ公平無私で役に立つであろう。

わが国に課せられた任務は重大であり、事態は焦眉の急を告げている。そして、意図せずしてフィリピンを領有した結果、われわれ自身が準備したというよりも、わが国のために舞台がしつらえられたことは、あまりにも明白なので、最も謙虚な者ですら、そのなかに神の手をみてとる勇気が湧くのである。（中略）

最も広義の門戸開放を保証するためには、単に中国のみに局地化せず、海上交通路――とりわけ最短海路――に対しても力《パワー》を示威することが要求される。こうして、必然的に活動範囲を広げていかねばならない以上、それにともない諸列強間の協力の必要性がますます明らかになる。そして相互間に、暗黙のうちであっても、任務の分担を認める必要が生じるのである。

現存する大陸国対海洋国の政策上の対立において、海上権力に依存する諸国のどれ一つとして、この遠大な計画全体を実現し、持続させうる能力を備えている国はないのである。

せんじつめると、極東に至る主要な交通路は、ヨーロッパからの連絡路とアメリカからの航路の二本しかないということになる。前者はスエズ運河を経由し、後者は太平洋を横断する。しかし今日、わが国における富の分配状況およびその海岸地帯への連絡の便から考えると、中米地峡を経由して大西洋岸から〔太平洋岸に〕通じる交通路を切り開くことが要求されているのであり、その開通は確実に保証されるであろう。

その場合、アメリカから中国に至る交通線は、ヨーロッパからの連絡路がスエズ運河を経由するのと同様、ニカラグア――もしくはパナマ――を経由するものになるといって誤りはなかろう。そして、地中海、エジプト、小アジア、紅海、アデンがヨーロッパからのルートの支配に決定的な重要性をもつ地点であるのと同様に、カリブ海や、将来建設されるべき運河を取り囲む〔中米〕陸地帯は、ハワイやフィリピンとあいまって、アメリカから中国に至る連絡路の主要拠点を構成するのであり、このルートはわれわれにとってきわめて重要度が高く、わが国の特殊権益をなしている。

しかしながら、この航路はわが国にとって特殊権益以上の意義をもつ。なぜなら、それは国際関係の観点からしても、またわが国の現在および将来に対する義務という見地からしても、わが国が防護すべきものだからである。

私はここで、十分に自立してやっていける外国に対して、わが国が恩恵をほどこす義務がある、などと主張するつもりは毛頭ない。私のいわんとするところは、その反対であり、わが国は太平洋上の通商の将来および中国の発展の性格いかんに関して、他の国を度外視するわけではないが、とりわけイギリスと利害をともにするところが大きいので、われわれは相互間に支持を受けるとともに与えるべきであり、また、わが国の手中にある偉大な手段や機会との釣り合いからみて、与えるよりも受け取る方が大きいのなら面目を失ってしまう、ということである。

わが国はその力が増大するにつれて、カリブ海および中米地峡において圧倒的な優位と発言権を主張し、この要求を徐々に認めさせてきた。以前ならわが国は諸外国の反対に――しかもイギリスの反対に――遭遇したところだが、すでにイギリスはアメリカの政策を黙認するようになっている。それは単に自己本位で、そのかぎりにおいて不毛な国家外交の勝利なのであろうか？　あるいは、さらにいっそうの責務をともなう好機とみるべきであろうか？

回答は、いうまでもなく後者が正しい。というのは、イギリスの繁栄という点のみに着眼すれば、それはわが国の行動にとって不安の種になるかもしれないが、しかしそうではなくて、中国をめぐる共通の利害や将来の世界に対する責務を配慮すれば、〔米英間の〕相互の支持が必要になるからである。

こうした了解は、東洋に関する問題をめぐる、単に局地化された協調だけでは保証されない。それとともに必要となるのは、わが国の東部・西部両海岸を水路で結ぶ特別に重要な交通路を強力に支配することであり、そうすれば、交通路の連結に不可欠な一環が弱まるがために、遠隔地におけるわが国の行動力が損なわれることはないという保証になる。

上記の諸状況に鑑みて、わが国は太平洋において可動海軍兵力を保有せねばならない。同時にまた、大西洋においても実戦に役立つ艦隊を維持せねばならないが、それは一般に考えられているように、主として――あるいは直接に――わが沿岸の防衛のためではない。なぜなら、いくら権利の擁護のための戦争であっても、艦隊は直接に沿岸防衛にあたるわけではなく、攻撃の手段となるからである。

そして、カリブ海においてわが海軍力が実質的な優位を保つことが、わが国の通商のためにも中米地峡運河の使用権を保持するうえでも、またわが艦隊を迅速に太平洋へ派遣するうえでも不可欠の条件となるのである。（下略）

原本あとがき

今日わが国でアルフレッド・T・マハンの著作を読もうとする人は、専門家を除けば少ないであろう。その邦訳が本アンソロジーのような形で「アメリカ古典文庫」に収められて刊行の運びになったことは、大きな喜びである。日米の外交史や海軍史を専攻する者として、私はかねてからマハンに関心を抱いていたので、この機会に同文庫の趣意にも沿うように、彼の多方面なジャンルの作品をなるべく総合的に網羅してみたいと、欲ばって考えた。あれこれと編集の構想を立てるのは楽しいが、いざ着手してみると、数多くの著作のなかからマハンの思想を特徴的に表わす文章を選び出して抜粋・翻訳する作業は、当初予想したよりもはるかに難航した。

まず第一に、こうした包括的なアンソロジーが（純戦略論を除いては）アメリカで一冊も出ていない現状において、既成の指針などあるわけがない。そこで選択の基準として、編者なりのマハン観といったものが当然要求される。しかし、その参考にしようにも、従来スタンダードとされてきたマハン伝は内容的にも資料的にも、すでに時代遅れとなっているし、本格的な新しい実証研究もまだ著わされていない。こうした盲点のため、本書の編集プランを練る過程で、私自身マハン研究に深入りすることになった。マハンの発散する不思議な魅力にとりつかれた私は、もはや安易な思いつきで編集を進めるわけにもいかず、いろいろ思案をめぐらすうちに日を重ねてしまった。

その間、マハン研究のメッカであるアメリカ海軍大学校を二回訪れる機会があった。また当時、膨大なマハン文書を編集中のロバート・シーガー教授に相談に乗っていただけたのは、何よりもの助け船になった。ようやく最近になって、待望の『マハン書簡集』(全三巻)が出版されたので大急ぎで読了し、一応の編集方針のめどがついた。そして昨年の夏、アーサー・マーダー教授——アメリカにおける最たる海軍史家——が来日されたとき、長時間にわたって数回も討議し、私の編集アウトラインと収録作品リストについて懇切な教示と助言をいただいた。以上のような幸運に恵まれなかったら、本アンソロジーの編集は、羅針盤を欠いた船のように漂流しつづけるか、暗礁に乗りあげていたことだろう。

さて翻訳作業にとりかかると、第二の難関に直面した。すなわち、マハンの文体である。彼を熱烈に弁護する伝記作者ピュールストンですら「読解するのに根気を要する」と認めた難渋な文章には手を焼いた。マハン自身、文体にたいへん苦労したことを『回顧録』のなかで一〇ページ近くも割いて告白している部分を紹介しておこう。

「文体《スタイル》は何よりも著者のパーソナリティを表わすもの」とみて重視した彼は、まず「正確さ」と「あくまで事実に忠実」であることを期した。そして主要テーマを強調するため、多くの形容節をたたみかけるように挿入した結果、「冗漫な文章」になり、「読者に負担をかけてしまうことになった」と断わっている。マハンはこうした悪評を十分に意識していたので、こんどは簡潔さを狙って「動詞や形容詞、接続詞などを消していく」やり方にきりかえた。そのため、ますます読みにくくなるという逆効果を招いた。まさに訳者泣かせの文章というほかない。

訳出にあたって私が当惑したのは、単なる文法上の問題ではない。プロパガンディスト、時事評論家、予言者そして世界的な有名人として、マハンの扱うテーマが多岐にわたるにつれ、彼の文体は抽象的、形而上学的、さらに神学的な様相を深めていく。ドグマ的な断定、もったいぶった神秘主義、そして全知をほのめかす説教風の語調の文章を訳出するのは、率直にいってうんざりするときもあったが、そこにこそマハンの面目躍如たるものがあることを忘れてはなるまい。

さらに面倒な仕事は、何冊かの本からそれぞれ二〇ページ弱を抜粋する作業だった。おそらく『海上権力史論』の第一章を唯一の例外として、マハンの叙述とその構成は非体系的で、理論的な関連やまとまりを欠いている。事例の編年史的な記述の合い間に解釈や結論らしきものが、やや乱雑に放り込まれていたり、戦略・戦術に関する専門的分析の切れ間に、対外政策に関する所見や哲学的思索や予言が挿入されている。このような叙述のなかからマハンの主眼点と思われる個所を、彼の『書簡集』などの資料を参考にして摘出し、一応筋が通るよう編纂しようと努めたので、読者には目ざわりな標記（「中略」「下略」）を濫用することになった。マハンの思想のエッセンスを一冊に凝縮するための、これまた苦肉の策であることを御了解いただきたい。なお、原文の意味とニュアンスをなるべく忠実に伝えるために、適宜、〔　〕で語句を補った。

本書編訳のうえでたいへんお世話になった方として、シーガー、マーダー両教授のほか、海軍大学校でいろいろ便宜をはかってもらったジョン・L・ギャディス教授（現在イェール大学）、日本で入手不可能な資料のコピーを送ってもらったマーク・ピーティー教授（現スタンフォード大学）、未刊行のマハン文書のコピーや「解説」の挿絵のために写真を提供された海軍大学校図書館の各位、また『アメリカ古典文庫』の編集委員として助言してくださった斎藤眞先生など、多くの方々に心から御礼を申しあげたい。そして最後に、本書が難航している最中に生まれた、わが家のちっちゃい〝提督〟征弥（Thayer）のために……。

一九七七年一〇月

麻田貞雄

History of British Naval Policy in the Pre-Dreadnought Era, 1880-1905 (Alfred A. Knopf, 1940). マハン理論のイギリス海軍に及ぼした影響に触れている。

13. Paul Kennedy, *The Rise and Fall of British Naval Mastery* (Scribner, 1976). マハン理論の前提そのものを誤りと決めつける再解釈。

E. マハンと日米関係

1. Sadao Asada（麻田貞雄）, *From Mahan to Pearl Harbor: The Imperial Japanese Navy and the United States* (Naval Institute Press, 2006).
2. 麻田貞雄「日米関係のなかのマハン——海上権力論と太平洋膨張をめぐって」「補論　日本海軍とマハン」、麻田『両大戦間の日米関係——海軍と政策決定過程』（東京大学出版会, 1993）に所収。
3. Roger Dingman, “Japan and Mahan,” in John B. Hattendolf, ed., *The Influence of History on Mahan: The Proceedings of a Conference Marking the Centenary of Alfred Thayer Mahan's* Influence of Sea Power upon History, 1660-1783 (Naval War College Press, 1991).
4. 島田謹二『アメリカにおける秋山真之』（朝日新聞社, 1969）。マハンにも相当のスペースが割かれている。
5. 平間洋一「A・T・マハンが日本海軍に与えた影響」『政治経済史学』No. 320（1993年2月）。

F. マハンの現代的意義について参考になる研究

1. Geoffrey Till, *Maritime Strategy and the Nuclear Age* (Macmillan, 1982).
2. ——*Seapower: A Guide to the Twenty-First Century* (2nd edition, Routledge, 2004).
3. George W. Baer, *One Hundred Years of Sea Power: The U.S. Navy, 1890-1990* (Stanford University Press, 1994).

者』（上・下巻。原書房，1978-1979）に所収。

3. Philip A. Crowl, "Alfred Thayer Mahan: The Naval Historian," in Peter Paret, ed., *Makers of Modern Strategy: From Machiavelli to Nuclear Age* (Princeton University Press, 1986). 邦訳：防衛大学校「戦争・戦略の変遷」研究会訳『現代戦略思想の系譜――マキャヴェリから核時代まで』（ダイヤモンド社，1989）に所収。
4. Kenneth J. Hagan, "Alfred Thayer Mahan: Turning America Back to the Sea," in Frank J. Merli and Theodore A. Wilson, eds., *Makers of American Diplomacy: From Benjamin Franklin to Alfred Thayer Mahan* (Scribner's Sons, 1974).
5. "Mahan Reconsidered," in Peter Karsten, *The Naval Aristocracy* (Free Press, 1972).
6. Julius W. Pratt, "Alfred Thayer Mahan," in William T. Hutchinson, ed., *The Marcus W. Jernegan Essays in American Historiography* (University of Chicago Press, 1937).
7. Richard W. Turk, *The Ambiguous Relationship: Theodore Roosevelt and Alfred Thayer Mahan* (Greenwood, 1987).
8. Robert B. Downs, *Books That Changed America* (Macmillan, 1970). 第11章を『海上権力史論』の解説にあてている。
邦訳：斎藤光・本間長世ほか訳『アメリカを変えた本』（研究社出版，1972）に収録。
9. Louis Hacker, "The Incendiary Mahan: A Biography," *Scribner's Magazine*, Vol. LXIV, April 1934. マハンの評価をめぐる論争の火蓋を切った文章。
10. Jon Tetsuro Sumida, *Inventing Grand Strategy and Teaching Command: The Classic Works of Alfred Thayer Mahan Reconsidered* (The Woodrow Wilson Center and the Johns Hopkins Press, 1997). 最新の優れたマハン理論の再解釈。
11. William L. Neumann, "Franklin D. Roosevelt: A Disciple of Admiral Mahan," *Proceedings of the United States Naval Institute*, Vol. LXXVIII, No.7, July 1952.
12. Arthur J. Marder, *The Anatomy of British Sea Power: A*

C．伝記

1. Robert Seager II, *Alfred Thayer Mahan: The Man and His Letters* (Naval Institute Press, 1977). 本格的な新しいマハン伝だが、きわめて批判的。
2. ——"Alfred Thayer Mahan: Christian Expansionist, Navalist, and Historian", in James C. Bradford, ed., *Admirals of the New Steel Navy: Makers of American Naval Tradition, 1880-1930* (Naval Institute Press, 1990).
3. Charles C. Taylor, *The Life of Alfred Thayer Mahan, Naval Philosopher, Rear Admiral United States Navy* (George H. Doran, 1920). 最初の伝記。手放しのマハン称讃。
4. Captain William D. Puleston, *Mahan, the Life and Work of Captain Alfred Thayer Mahan* (Yale University Press, 1939). 合衆国海軍大佐による優れた好意的伝記。
5. William E. Livezey, *Mahan on Sea Power* (University of Oklahoma Press, 1947). マハンの思想の形成およびその内容を分析.
   谷光太郎『アルフレッド・マハン——孤高の提督』(白桃書房, 1990)。

D．研究

1. "Alfred Thayer Mahan: Sea Power and the New Manifest Destiny (1889-1897)," "Mahan Vindicated: The War with Spain (1897-1901)," "Mahan Triumphant: The Policy of Theodore Roosevelt (1901-1909)," in Harold and Margaret Sprout, *The Rise of American Naval Power, 1776-1918* (Princeton University Press, 1939, 再版 1967). 古典的研究。再版の冒頭にマハン再解釈を収録。
2. Margaret T. Sprout, "Mahan: Evangelist of Sea Power," in Edward Mead Earle, ed., *Makers of Modern Strategy: Military Thought from Machiavelli to Hitler* (Princeton University Press, 1943, reprinted in 1971). 石塚栄・伊藤博訳『新戦略の創始

5. *Naval Strategy: Compared and Contrasted with the Principles of Military Operations on Land* (Little, Brown, 1911). 海軍大学校での「海軍戦術」の講義（1897年以降）をまとめたもの。マハンの得意作ではなかったが，日本海軍では非常に重視して軍令部に訳出させ，そののち一般に市販されるようになった。
邦訳：尾崎主税訳『米国海軍戦略』（水交社，1932）。
尾崎主税訳『海軍戦略』（興亜日本社，1942）。
尾崎主税訳『海軍戦略――陸軍作戦原則との比較対照』（原書房，1978）。
井伊順彦訳『マハン海軍戦略』（中央公論社，2005）。
抄訳：山内敏秀訳『戦略論体系　5　マハン』（芙蓉書房，2002）に収録。
最近では中国語訳が注意を引く。
The Influence of Sea Power upon History. 安常容訳『海権歴史的影響』（解放軍出版社，2000）。安常容・成忠勤の共訳で2006年に再版されている。
*The Interest of America in Sea Power, Present and Future*は『美国的利益』として，*The Problem of Asia*は『亜州的問題』として，また*The Interest of America in International Conditions*は『欧州的衝突』としてそれぞれ訳出され、『海権歴史的影響』に収められている。

B．書簡集・アンソロジー

1. Robert Seager II and Doris D. Maguire, eds., *Letters and Papers of Alfred Thayer Mahan*, 3 vols. (Naval Institute Press, 1975). マハン研究の基礎となるべき膨大な根本資料。
2. John B. Hattendorf, ed., *Mahan on Naval Strategy: Selections from the Writings of Alfred Thayer Mahan* (Naval Institute Press, 1991). マハン研究の第一人者によるマハン海軍戦略のエッセンス。
3. Allan Westcott, ed., *Mahan on Naval Warfare: Selections from the Writings of Rear Admiral Alfred T. Mahan* (Little, Brown, 1941).

主　要　参　考　文　献

A．本書で訳出もしくは言及したマハンの著作

マハンの全著作（翻訳も含む）の書誌は，John B. Hattendorf and Lynn C. Hattendorf, compilers, *A Bibliography of the Works of Alfred Thayer Mahan*（Naval War College Press, 1986）.

1. *The Influence of Sea Power upon History, 1660-1783*（Little, Brown, 1890）. Louis M. Hackerの序文を付したペーパーバック版（Hill & Wang, 'American Century Series', 1957）が便利。
   邦訳：水交社訳『海上権力史論』（東邦協会，1896）。他の邦訳と同様，訳文が時代ばなれしている。
   抄訳：北村謙一『海上権力史論』（原書房，1982）。こなれた訳文。
2. *The Interest of America in Sea Power, Present and Future*（Little, Brown, 1897）.
   邦訳：水上梅彦訳『太平洋海権論』（川流堂，1899）。文語調の美文だが誤訳がめだつ。本アンソロジーのため次の4編を新訳した。
   "The United States Looking Outward," *Atlantic Monthly*, December 1890.
   "Hawaii and Our Future Sea Power," *The Forum*, March 1893.
   "Preparedness for Naval War," *Harper's New Monthly Magazine*, March 1897.
   "A Twentieth-Century Outlook," *Harper's New Monthly Magazine*, September 1897.
3. *The Problem of Asia and Its Effects upon International Policies*（Little, Brown, 1900）. *Harper's Monthly Magazine*と*North American Review*に連載された論策を合本にしたもの。これを底本に，代表的な個所を抄訳してみた。
4. *From Sail to Steam: Recollections of Naval Life*（Harper & Brothers, 1907）. 楽しい回顧録。「イロクォイ」号の訪日や『海上権力史論』の形成過程などが特に興味深い。

本書は一九七七年、研究社出版株式会社から刊行された「アメリカ古典文庫　8　アルフレッド・T・マハン」をもとに、「解説」などの新規加筆を行ない、再編集を施しました。

麻田貞雄（あさだ　さだお）

1936年生まれ。カールトン大学歴史学部卒業，イェール大学大学院博士課程修了（Ph. D，アメリカ史）。同志社大学名誉教授。専門はアメリカ外交史・海軍史・日米関係史。著書に『両大戦間の日米関係』（吉野作造賞受賞），“From Mahan to Peal Harbor”，“Culture Shock and Japanese-American Relations: Historical Essays”，『リベラルアーツへの道』などがある。

講談社学術文庫

定価はカバーに表示してあります。

マハン海上権力論集《かいじょうけんりょくろんしゅう》

麻田貞雄《あさださだお》 編・訳

2010年12月10日　第1刷発行
2012年4月16日　第2刷発行

発行者　鈴木　哲
発行所　株式会社講談社
東京都文京区音羽 2-12-21 〒112-8001
電話　編集部（03）5395-3512
販売部（03）5395-5817
業務部（03）5395-3615

装　幀　蟹江征治
印　刷　株式会社廣済堂
製　本　株式会社国宝社
本文データ制作　講談社デジタル製作部

ISBN978-4-06-292027-8

「講談社学術文庫」の刊行に当たって

これは、学術をポケットに入れることをモットーとして生まれた文庫である。学術は少年の心を養い、成年の心を満たす。その学術がポケットにはいる形で、万人のものになることは、生涯教育をうたう現代の理想である。

こうした考え方は、学術を巨大な城のように見る世間の常識に反するかもしれない。また、一部の人たちからは、学術の権威をおとすものと非難されるかもしれない。しかし、それはいずれも学術の新しい在り方を解しないものといわざるをえない。

学術は、まず魔術への挑戦から始まった。やがて、いわゆる常識をつぎつぎに改めていった。学術の権威は、幾百年、幾千年にわたる、苦しい戦いの成果である。こうしてきずきあげられた城が、一見して近づきがたいものにうつるのは、そのためである。しかし、学術の権威を、その形の上だけで判断してはならない。その生成のあとをかえりみれば、その根は常に人々の生活の中にあった。学術が大きな力たりうるのはそのためであって、生活をはなれた学術は、どこにもない。

開かれた社会といわれる現代にとって、これはまったく自明である。生活と学術との間に、もし距離があるとすれば、何をおいてもこれを埋めねばならない。もしこの距離が形の上の迷信からきているとすれば、その迷信をうち破らねばならぬ。

学術文庫は、内外の迷信を打破し、学術のために新しい天地をひらく意図をもって生まれた。文庫という小さい形と、学術という壮大な城とが、完全に両立するためには、なおいくらかの時を必要とするであろう。しかし、学術をポケットにした社会が、人間の生活にとってより豊かな社会であることは、たしかである。そうした社会の実現のために、文庫の世界に新しいジャンルを加えることができれば幸いである。

一九七六年六月

野間省一